养生粥 品
一步一图教你做

甘智荣／编著

U0305112

黑龙江科学技术出版社

HEILONGJIANG SCIENCE AND TECHNOLOGY PRESS

图书在版编目（CIP）数据

养生粥品，一步一图教你做 / 甘智荣编著. -- 哈尔滨：
黑龙江科学技术出版社，2015.10（2024.2重印）
ISBN 978-7-5388-8494-4

Ⅰ. ①养… Ⅱ. ①甘… Ⅲ. ①粥－食物养生－食谱－
图解. Ⅳ. ①R247.1-64 ②TS972.137-64

中国版本图书馆CIP数据核字（2015）第204980号

养 生 粥 品 ， 一 步 一 图 教 你 做

YANGSHENG ZHOUPIN, YIBU YITU JIAONIZUO

编　著	甘智荣	
责任编辑	赵春雁	
策划编辑	朱小芳	
出　版	黑龙江科学技术出版社	
	地址：哈尔滨市南岗区公安街70-2号　邮编：150007	
	电话：（0451）53642106　传真：（0451）53642143	
	网址：www.lkcbs.cn	
发　行	全国新华书店	
印　刷	三河市天润建兴印务有限公司	
开　本	723 mm×1020 mm　1/16	
印　张	16	
字　数	300千字	
版　次	2015年11月第1版	
印　次	2015年11月第1次印刷　2024年2月第2次印刷	
书　号	ISBN 978-7-5388-8494-4	
定　价	68.00元	

序言 Preface

我们从出生开始，每一天的生活都离不开吃。为了吃得好，势必要提高食物的质量。单纯一个"吃"字，虽足以概括饮食的本质，但却无法详细地剖析出隐藏在其背后的美味佳肴。因此，如何让"吃"变得更精致，还需要从了解每一道佳肴本身入手。

根据这一初衷，本套"全分解视频版"系列书籍应运而生。本套丛书共12本，内容涵盖了美食的方方面面，大到家常菜、川湘菜、主食、汤煲、粥品、烘焙、西点，小至小炒、凉菜、卤味、泡菜，只要是日常生活中会出现的美食，你都能在这里找到。

就《养生粥品，一步一图教你做》这一本来说。粥品非常看重的是入口的质感，因此如何煮粥非常重要。生活中常见的食材都能成为粥品的座上客，帮助发挥粥品的养生功效。

本书主要介绍日常生活中常见的粥品，从功效、病症、人群、四季养生等方面，列举了多款美味粥品。本书所选的材料涵盖日常食材、药材等，还介绍调料、做法、烹饪提示，将一道粥品的制作过程完全展现，让养生粥品不再难煲。

本套"全分解视频版"丛书除立意鲜明、内容充实之外，还有一个显著的亮点，即利用现如今最流行的"二维码"元素，将菜肴的制作与动态视频紧密结合起来，巧妙分解每一道佳肴的制作方法，始终坚持做到"一步一图教你做"，让视频分解出最细致的美味。

看完这套书，你会领悟"授人以鱼，不如授人以渔"的可贵。相比摆在眼前就唾手可得的现成食物，弄懂如何亲手制作美味佳肴，难道不显得更有意义吗？

如果你是个"吃货"，如果你有心学习"烹饪"这门手艺，如果你想让生活变得更丰富多彩，那就行动起来吧！用自己的一双巧手，对照着图书边看边做，或干脆拿起手机扫扫书中的二维码，跟着视频来学习制作过程。只要勇于迈出第一步，相信你总会有所收获。

希望谨以此套丛书，为读者提供方便，也衷心祝愿这套丛书的读者，厨艺更精湛，生活更上一层楼。

Contents 目录

Part 1 粥——家常养生第一补

Part 2 传统经典粥

Contents 目录

Part 3 家常养生粥

Contents 目录

Part 4 防病去病养生粥

Contents 目录

Part 5 不同人群养生粥

Part 6 四季养生粥

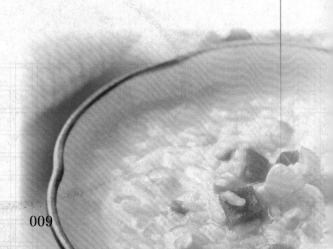

Contents 目录

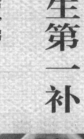

Part 1

粥——家常养生第一补

粥香浓软糯，粥爽口暖胃，粥甜滑润喉……粥有着数之不尽的好处，是家常养生滋补必选。

本章为读者解读关于粥的基础知识，包括煲粥器具的选择、煮粥顺序、煮粥技巧以及喝粥的功效、宜忌、人群。从方方面面普及粥知识，让你有备无患。

煲粥器具的选择很重要

现代煮粥的工具越来越多，家庭中常见的高压锅、电饭煲、砂锅、微波炉等，都可以承担起煮粥的重任。

高压锅

高压锅又叫压力锅，借助其独特的高温高压功能，可将食物加热到100℃以上，大大缩短了烹饪时间，从而节约了能源。

高压锅烹调有三大特点：一是温度高，由于压力提高，沸点随之提高，在108℃~120℃之间；二是用时短，由于压力高，烹调速度快，烹调时间缩短了2/3；三是密闭效果好，排气之后，不再与外界空气接触，处在一定的真空状态。

如果想更多地得到杂粮粥中防病、健身的好处，用高压锅来烹调最好，既能减少营养素的损失，又能更好地保留其抗氧化成分。

目前很多家庭还使用电热高压锅，把各种原料和水放进去，按下按钮，就可以坐等美味。

微波炉

微波炉是一种用微波加热食品的现代化烹调灶具。

用微波炉煮粥时，宜用中火熬，且时间长一点会更好，但不宜加豆类等不易熟的食物。尽量选用稳定性较高的陶瓷器具作盛具，避免使用塑胶、铝制、铜制、易氧化的炊具。

电饭煲

电饭煲，又称电锅、电饭锅，是利用电能转变为热能的炊具，可对食品进行蒸、煮、炖、煨等多种操作。

电饭煲是家中必不可少的厨房电器产品，它可以帮助我们更方便、快捷地煲出一锅美味的粥，大大节省了时间和精力。

用电饭煲煮粥时，要保证锅内的材料不可超过水位线。待烧开时，应将锅盖上的气孔打开，再慢熬。

当然，想要煲粥省电，可以充分利用电饭煲的余热，在前一天晚上把米汤煮沸后拔掉电源，闷上一晚，第二天再继续煮，就会很快煮熟粥了。

砂锅

砂锅是由陶土和细沙等多种材料烧制而成的。砂锅的导热性相对较差，正适合用来小火煮粥。

砂锅的保温性特别强，煮粥时可使里面的食物一直处于温热状态，使煮成的粥可口美味、原汁原味，更让粥具有香、黏、滑的口感，而且砂锅煲出来的粥营养丰富且均衡。

焖烧锅

焖烧锅的工作原理是将食物（特别是汤类）置于火上烧开，然后拿下来焖上半天以上的时间，借助食物自身温度，使食物熟烂、入味，焖完再烧10~20分钟，味道更佳。

用焖烧锅煮粥时，不要加过多的水，因为焖烧锅中的水不易挥发。煮好的粥放在焖烧锅里保温就好，利用余热能使锅里的热能长时间保存。

另外值得注意的是，焖烧锅的内锅只能使用煤气来加热，不能用于电磁炉。

煮粥顺序要正确

　　煮粥，很多人都觉得是件很简单的事，把米淘好放锅里慢慢煮就行了，不过要将粥煮得稠而不糊、糯而不烂，也要注意方法。下面就来向大家介绍一下煮粥的正确步骤。

浸泡

　　煮粥前先将米用冷水浸泡半小时至米粒膨开，能节省时间，煮出来的粥口感也更好。

　　由于煮粥的原料多为五谷杂粮，而其中的谷物、豆类中含有较多的纤维素，如果在烹调前不用水浸泡一段时间，便不容易软烂，吃的时候口感会较硬，不易入口。更重要的是，浸泡后烹调，会使食物更容易被人体吸收、消化。

　　浸泡豆类时，最好用自来水，浸泡过豆类后的水有可能会含有化学物质，应及时倒掉；浸泡黑糯米时，其营养成分会溶于水中，浸泡后的水可直接烹煮。浸泡后再煮还可使五谷杂粮内的营养活化，减少烹调时间，其浸泡时间需视五谷杂粮的种类而定。

开水下锅

　　通常，煮粥时多用生冷的自来水，但因为生冷的自来水中含有一定数量的氯气，在煮粥过程中会大量破坏粮食中所含的人体不可缺少的维生素B$_1$，其损失程度与烧饭时间、烧饭温度成正比，一般情况下为30%左右。而且用冷水煮粥，也不时会发生煳底的现象。

　　用开水下锅则不会，还更省时间。

　　用开水煮粥，注意不要用复煮沸的水，因为复煮沸的水中含有毒的亚硝酸盐，可能会影响粥品的食用。复煮沸的水包括不新鲜的温开水、煮水锅内残留的开水、隔夜重煮的开水、蒸菜后的蒸锅水等。

火候

锅中的米和水先用大火煮沸后，要赶快转为小火，注意不要让粥溢出来，要慢慢盖上锅盖，但盖子不要全部盖严，用小火熬煮约30分钟即成。

煲粥时的火候很重要，火太大了上面那层"米油"就会焦化泛黄，使粥的味道不香，如果火太小的话，熬出的粥就不黏稠。

搅拌

俗话说："煮粥没有巧，三十六下搅"，其意在说明搅拌对煮粥的重要性。

煮粥分为两个阶段：第一阶段，用大火煮沸时，一定要用手勺不断搅拌，将米粒间的热气释放出来，粥才不会煮煳，也可避免米粒粘锅；第二阶段，转小火慢熬时，就应减少翻搅，才不会将米粒搅散。

点油

煮粥还要放油？是的。因为少许的油可以帮助提升粥的色泽，也能改善粥的口感，是很关键的一步。

当粥从大火改用小火，熬煮约10分钟后，可以点入少许食用油，拌匀即可。

底、料分煮

大多数人煮粥时习惯将所有的东西一股脑全倒进锅里，但这样做很容易影响成品粥的风味，实际上是不可取的行为。

粥底是粥底，辅料是辅料，需要明确分开，尤其是以肉类、海鲜为辅料时，更应将粥底和辅料分开。如果辅料有需要进行预处理的，要先处理完毕，煮熟或焯水之后，再倒入粥底中一起熬煮，但时间也不应超过10分钟。

要注意加入材料的顺序，慢熟的要先放。如米和药材要先放，蔬菜水果最后放。海鲜类一定要先汆水，肉类则应拌淀粉后再入粥煮，这样才能保证熬出来的粥品清爽不浑浊。

煮粥技巧要掌握

要煮出一锅好粥，选材、加工、用水、熬汤底等方面的工夫都不能省，还要掌握一些使粥更美味的技巧。

巧选煮粥的原料

煮粥时，可按照体质、气候和口味选择原料。

米和豆是煮粥的基本食材，其他配料可以根据个人喜好添加。种类不妨稍多，原料品种多则更有利于保持营养平衡。血糖高的老人可以多放些薏米、燕麦、黑豆、大麦等；面色无华的年轻女性可以放些红枣、桂圆、莲子、枸杞、红豆等；身体虚弱的人可以加芡实、山药、板栗、糯米、黑芝麻等补益食材。

气候也需要作为考虑的因素，如夏季可以选择绿豆，而秋冬则不宜选择绿豆。

掌握好水量

要将粥煮得浓稠适宜，最关键的一步是要掌握好水量。

依据个人喜好和粥的品种不同，可将粥分为全粥、稠粥和稀粥等。大米与水的比例分别为：全粥=大米1杯+水8杯；稠粥=大米1杯+水10杯；稀粥=大米1杯+水13杯。

善用容器的保温性

能保温的砂锅是最佳的煮粥工具。由于砂锅最怕冷热的变化，所以煮粥时要记住先开小火热锅，等砂锅全热后再转中火逐渐加温。

若烹煮中要加水，也只能加温水，而且砂锅上火前，一定要充分擦干锅外的水渍，以免爆裂。另外，为了避免米粒粘锅，要用勺子不时搅拌。

熬一锅高汤

你是不是觉得外面卖的粥总比家里煮的要多点鲜味呢？秘诀就在于用了高汤。

熬制高汤，做法如下：

将1000克猪骨放入冷水锅中煮沸，撇除血沫，捞出洗净；另起锅，倒入30杯清水煮沸，再放入猪骨，转小火焖煮1小时，熄火，捞出猪骨，晾凉，将汤汁过滤后即成高汤。用其煮粥，自然鲜香。

学会制作美味粥底

煮粥最重要的是要有一碗晶莹饱满、稠稀适度的粥底，才能衬托出粥的鲜美滋味。

粥底的具体做法如下：

大米2杯洗净，加入6杯清水浸泡30分钟，滤出水分，放入锅中，加入16杯备好的高汤，煮沸后转小火熬煮约1小时至米粒软烂黏稠，就可以煮出一碗既美味又有口感的粥底了。或者在煮粥底时加入半杯糯米，也可以使粥底黏稠，还节省了煮粥的时间。

海鲜粥去腥味

第一种方法是食醋去腥法。在烹饪之前，将鱼放在食醋里浸泡几分钟，然后捞出，沥干水分。这样既能去除腥味，又能使鱼肉更脆、嫩，吃起来更爽口。

第二种方法是白酒去腥法。将鱼等腥味食物切碎之后，放在容器里，然后倒入适量白酒，腌制20分钟左右再烹饪，腥味就没有了。

去除手上的腥味。有些海鲜，如螃蟹、虾，吃的过程中要用手拿，免不了手上会沾上腥味。怎么办呢？用酒滴几滴在手心，然后相互揉搓，再用清水冲洗，腥味立减。

第三种方法是香料去腥法。香料的种类很多，如：葱、姜、胡椒等，选择适当香料，可有效去除鱼腥味，还能增香，吃起来更可口。

好粥的功效要看重

不论古今，喝粥都被认为是一种健康的饮食方式，是传统的养生方法之一。在现代生活当中，它甚至是一种简单有效的健康饮食方法，包含着亘古不变的养生观。

帮助控制体重

一碗米饭通常可以煮出4碗粥，甚至更多。与米饭相比，粥体积大而能量密度低。因为有能量的只是大米中的淀粉和蛋白质，水分并不含能量，所以，水分大了，同样重量的食物所含的能量就低。100克米饭含的能量超过400千焦，而100克稠粥只有120千焦左右。所以，对于要减肥的人来说，以杂粮豆粥代替米饭，就可以在不感觉饥饿、不减少营养摄入的前提下，有效减少主食中的能量，轻松减肥。

保护肌肤

粥含有丰富的蛋白质等营养成分，经常喝粥，能避免脱水性皮肤产生较深的皱纹，防止皮肤因老化而失去弹性，还能使油性皮肤的皮脂腺减少油脂的分泌，帮助皮肤对抗紫外线、空气污染等，令皮肤更加健康。

粥的营养丰富，通过食疗可以滋润皮肤，令皮肤光泽有弹性，还可以延缓细胞老化，使皮肤光滑，淡化色斑，改善湿疹、皮肤溃疡等问题。

增强食欲、补充体力

生病时食欲不振，若用粥搭配一些色泽鲜艳又开胃的食物，例如梅干、甜姜、小菜等，既能促进食欲，又能为虚弱的病人补充体力。

帮助消化

大米熬煮温度超过60℃就会产生糊化作用，熬煮软熟的稀粥入口即化，下肚后非常容易消化，很适合儿童、老年人、体弱多病及脾胃虚弱者食用。

随着年龄的增长，人体各个器官会逐步老化，身体功能也随之衰弱。尤其是到了老年阶段，健康状况日趋下降，新陈代谢减缓，抵抗病毒的能力下降，胃肠消化功能也逐步减弱。因此，老年人不能很好地吸收、利用食物中的营养成分，此时若能恰当地运用粥膳，就可以在一定程度上帮助老年人滋补身体、增强体质、防备疾病。

防止便秘

现代人饮食精致又缺乏运动，多有便秘症状。稀粥含有大量的水分，平日多喝稀粥，除能裹腹止饥之外，还能为身体补充水分，有效防止便秘。

调养肠胃

肠胃功能较弱或胃溃疡的患者，很适合喝稀粥调养肠胃，平日也应该细嚼慢咽，以保护肠胃。即便没有胃肠疾病，如果吃了太多的油腻食物和高蛋白食物，人也会觉得身体疲惫、食欲不振，这时候喝点粥，就能让胃肠暂时休息一下。

延年益寿

将五谷杂粮熬煮成粥，能为人体补充丰富的营养素与膳食纤维。对于年长、牙齿松动的人或病患，多喝粥可防小病，更是保健养生的最佳良方。

喝粥宜忌要牢记

喝粥虽好，也不能随便喝，应注意方法。一碗粥看似平淡无奇，但只要是食物，总会有其饮食的注意要点。

早晨宜空腹喝粥

古语有云，粥"与肠胃相得，最为饮食之妙诀"，而早晨空腹喝粥，可以帮助吸收，也能起到养胃的作用。

在早晨空腹的时候喝粥，可以借助米粥的力量，直达胃黏膜处，把前一天胃消化各种食物后所可能产生的自身损伤与经络堵塞修复好，让胃保持持续健康的状态，才能继续为人体正常运作。

太烫的粥不宜食用

跟喝汤同样的道理。常喝太烫的粥，会刺激食道，容易损伤食道黏膜，引起食道发炎，造成黏膜坏死，时间长了，还可能会诱发食道癌。因此，应该将刚煮熟的粥放置几分钟后再食用，既能使粥更入味，又能保护食道。

五谷杂粮粥不宜过量食用

五谷杂粮虽好，但过量食用，对健康也是不利的，归结下来有五大坏处。

1.影响消化

粗粮吃得过多，容易影响消化，因为粗粮里面含有较多的纤维素，过多食用会导致上腹胀满，影响食欲，严重时还会导致肠道阻塞、脱水等症状。所以吃粗粮时要注意多喝水，粗粮中的膳食纤维需要充足的水分做后盾，才能保障肠道的正常工作。

水与摄入体内的膳食纤维的比例大概是1∶1，即如果多吃了一倍的膳食纤维，大概就要多补充一倍的水。

2.造成返酸

过多的粗粮进入胃里，可能导致食物积存。当胃里有食物积存的时候，这些食物就会明显延缓胃排空的速度，会裹着胃里的胃酸，返到食管里，造成返酸，对食管黏膜产生损害。

各年龄段的人都可能发生返酸现象，因此应多加注意。

3.干扰药物吸收

摄入过多的膳食纤维，还有可能干扰药物吸收，也可能降低某些降血脂药和抗精神病药的药效。

4.导致营养不良

长期过量食用粗粮，会影响人体对蛋白质、无机盐以及一些微量元素的吸收，使人体缺乏许多基本的营养元素，从而导致营养不良。

5.引发肥胖

有些人误以为吃粗粮对血糖、血脂的控制有帮助，于是拼命吃粗粮，结果就造成能量摄入过多，引发肥胖。

食物的基本属性是一样的，分解之后提供能量，提供人体所需的营养元素，但如果没有一个量的控制，过于沉迷某种食物，反而会走向一个不好的极端。

三餐不能总喝粥

适当喝粥确实有益，但也不可顿顿喝。

粥属于流食，在营养上与同体积的米饭比要差一些。且粥"不顶饱"，吃时觉得饱了，但很快又饿了。

长此以往，老年人会因能量和营养摄入不足而导致营养不良。所以喝粥也要注意均衡营养。将粥煮得稠一些，配个肉菜，或在两餐之间吃些点心等，都能补充能量。

冰粥并不可取

冰粥是夏天的热卖食品，但它不适合体质寒凉、虚弱的老年人以及孩子食用。冰粥喝多了不仅会使人体的汗毛孔闭塞，导致代谢废物不易排泄，还有可能影响肠胃功能。

喝粥人群要分清

粥是我国传统的食物，是一种老少皆宜的食品。粥的种类多，选择也多，但对于不同年龄、不同职业的人来说，喝粥也应有不同的侧重。

体力劳动者宜选高蛋白粥

平时体力劳动较多的人，因为消耗体能过多，容易使身体压力增加。这类人对蛋白质等营养素的需求量较大，除了选择燕麦、鸡蛋、肉类等蛋白质较高的食物来熬粥外，还可以加些花生、核桃、瓜子仁等坚果类食物，不但能补充营养，还能使粥的香味更浓。

此外，正在长身体的青少年喝粥时也可以适当多补充蛋白质。

但要注意的是，熬煮这类蛋白粥时一定要少放盐。

应酬多者喝粥宜控糖控脂

成年人，尤其是男性同胞，一到中年，往往就会面临体重增加、发福等诸多问题。那些长期坐在办公室内，每天活动量少的人，还容易囤积脂肪，加上生意上的喝酒应酬，长此以往，会给肝脏和肠胃带来压迫，从而导致身体功能严重失调。

对于这类应酬族，可以在粥中加入杂豆，如红豆、绿豆、黑豆等，也可以多食用豆制品，还要注意适当补充蔬菜，增加膳食纤维的摄入，有利于脂肪、胆固醇代谢，同时也能保持血糖稳定。

电脑一族多喝有助护眼的粥

办公室一族经常面对电脑，可在粥里加些护眼食物，如深色的大黄米、小米、黑米、紫米、枸杞、胡萝卜等。

大黄米、小米等深色食材中含有的类胡萝卜素在人体内能转化为维生素A，有益眼睛健康；黑米和紫米含有大量的花青素，能抵抗眼睛衰老；胡萝卜是含胡萝卜素最丰富的食材，对护眼非常有益。

消化不好的人少吃豆类粥

身体虚弱和消化不良的人，容易发生胃堵、胀气等情况，应少食或不食以黄豆、黑豆、绿豆等豆类为主料的粥，因为它们不易消化，且易产气。其他杂豆占杂粮粥原料的比例则不应该超过三分之一。

如果有腹泻或便溏的情况，宜多用对肠道刺激非常小的糯米、大黄米、小米、山药、莲子等容易消化的食材。烹调之前最好经过8小时以上的充分浸泡，这样杂粮豆类煮后就会更加柔软，容易消化。

胃病患者少喝粥

多数医生都会要求患者饮食要清淡。若论及清淡，恐怕没有比白粥更清淡的食物了，但还是有很多人吃了白粥不舒服，甚至会出现返酸的情况。

这又是为什么呢？其实这与喝牛奶的结果是类似的。

因为喝粥不用慢慢咀嚼，不能促进可以帮助消化的口腔唾液腺的分泌，而且水含量偏高的粥在进入胃里后，会起到稀释胃酸的作用，加速胃的膨胀，使胃运动缓慢。另外，粥中的淀粉质容易发酵而增加胃中酸度，这同样不利于消化。

因此胃病患者不宜总喝粥，而应选择其他容易消化、吸收的饮食，细嚼慢咽，促进消化。如果实在想喝或不能不喝，可以在粥里

加一些肉类或皮蛋，以缓解返酸的情况。

此外，不仅是粥，凡是由米做的食物，如米粉、河粉等，都存在易造成胃酸增多的情况，胃病患者都不适合过多食用。

糖尿病患者喝白粥要适量

对于糖尿病患者以及需要控制体重的人来说，白粥会引起血糖快速上升，胰岛素水平迅速上升，然后血糖水平下降，又会很快重归饥饿。这样对于控制血糖和控制体重都极为不利。而且熬粥的时间越长，粥就越黏糊，越好喝，但升高餐后血糖的速度也会越快。

所以糖尿病患者喝粥要适量，每次一小碗即可，也可以用杂粮豆类代替大米来煮粥，取其能量密度低的好处，而避免消化过快和营养价值低的缺点。

老人小孩喝粥宜软烂

老年人及消化系统尚未发育完善的儿童，由于消化吸收功能较弱，吃太多粗粮会增加胃肠负担。

对于老人、小孩而言，可选择小米、大黄米、糙米等易消化的粗粮，烹调时要把粥煮得软烂黏糊些，以利于消化吸收。

孕妇应慎食薏米粥

薏米营养丰富，虽是药食两用的佳品，但孕妇能否食用，还是因人而异的。

有药理研究表明，薏米中的薏米油对子宫平滑肌有兴奋作用，有收缩子宫的作用，孕妇食用后对自身和胎儿都不好，所以月经期妇女或孕妇应慎食。

但也有特殊情况。如果孕妇有出现水肿、小便不利、脾虚泄泻等症状的，可以在有经验的医生指导下，放心使用薏米。若是平时煲汤或煮粥时放些薏米，也不需要太过担心。

Part 2

传统经典粥

喝粥只为那一口香滑，可以润喉润心，让心绪不宁得以平复，让疾病烦扰得以远离，让健康平安得以持续。

本章主要介绍不同口味的传统经典粥品，有清粥、咸粥、甜粥三种，选择一种，让粥的美味得以滋润心田。

清粥

大米粥

◉难易度：★☆☆　◉功效：健脾止泻

■■ 材料

水发大米120克

■■ 做法

① 砂锅中注入适量清水，大火烧开。

② 倒入洗净的大米，搅散、拌匀。

③ 盖上砂锅盖，烧开后用小火煮约30分钟，至米粒熟透。

④ 揭开砂锅盖，搅拌一会，转中火略煮。

⑤ 关火后盛出煮好的大米粥，装在碗中即可。

大米小米粥

◉难易度：★☆☆　◉功效：益气补血

■■ 材料
水发大米50克，水发小米50克

■■ 调料
白糖10克

■■ 做法
❶ 砂锅中注入适量清水，大火烧开。
❷ 倒入洗净的小米，放入洗净的大米。
❸ 盖上砂锅盖，烧开后用小火煮约20分钟，至食材熟透。
❹ 揭开砂锅盖，加入白糖，搅拌一会，用中火煮至溶化。
❺ 关火后盛出煮好的小米粥，装在碗中即成。

糯米稀粥

◎难易度：★☆☆　　◎功效：健脾止泻

■■ 材料

水发糯米110克

■■ 做法

❶ 砂锅中注入适量清水，用大火烧开。

❷ 倒入洗净的糯米，搅拌均匀。

❸ 盖上砂锅盖，大火烧开后用小火煮约40分钟至糯米熟透。

❹ 揭开砂锅盖，搅拌几下，至粥浓稠。

❺ 关火后盛出煮好的稀粥即可。

红薯粥

◉难易度：★☆☆　◉功效：增强免疫力

■■ 材 料

红薯150克，大米100克

■■ 做 法

❶ 砂锅中注入适量清水，用大火烧开，倒入泡好的大米。

❷ 放入去皮洗净切好的红薯，拌匀。

❸ 盖上砂锅盖，用大火煮开后转小火续煮1小时至食材熟软。

❹ 揭开砂锅盖，搅拌一下，关火后盛出煮好的粥，装碗即可。

香菇大米粥

◉难易度：★☆☆　◉功效：补钙

■■ 材料

水发大米120克，鲜香菇30克

■■ 调料

盐、食用油各适量

■■ 做法

❶ 洗好的香菇切成丝，改切成丁，备用。

❷ 砂锅中加水烧开，倒入洗净的大米拌匀。

❸ 盖上砂锅盖，大火烧开后用小火煮约30分钟至大米熟软。

❹ 揭开砂锅盖，倒入香菇丁，搅拌匀，煮至断生。

❺ 加盐、食用油，搅拌片刻至食材入味，关火后盛出煮好的粥，装碗，待稍微放凉即可食用。

香菜鲇鱼粥

◎难易度：★★☆　◎功效：益气补血

■■ 材料

鲇鱼200克，大米300克，姜丝、香菜末、枸杞各少许

■■ 调料

盐2克，鸡粉1克，水淀粉少许

■■ 做法

❶ 洗好的鲇鱼斜刀切片。

❷ 鱼片加盐、水淀粉拌匀腌渍。

❸ 砂锅中加水，倒入大米。

❹ 加盖，用大火煮开后转小火续煮30分钟至大米熟软。

❺ 揭盖，倒入枸杞、鱼片。

❻ 放入姜丝，加入盐、鸡粉，拌匀，稍煮3分钟至入味。

❼ 关火后盛出煮好的粥，装碗。

❽ 撒上香菜末作点缀即可。

跟着做不会错：可以在煮好的粥里加少许胡椒粉，更开胃。

Tips

鲜虾粥

◎难易度：★★☆

◎功效：增强免疫力

■■ 材料

基围虾200克，水发大米300克，姜丝各少许

■■ 调料

料酒4毫升，盐2克，胡椒粉2克，食用油少许

■■ 做法

❶ 处理好的虾去虾须、虾线。

❷ 砂锅中注入适量清水烧热。

❸ 倒入洗净的大米，搅拌片刻。

❹ 加盖，烧开后小火煮20分钟。

❺ 掀开锅盖，加入少许食用油。

❻ 倒入虾、姜丝、盐、料酒、胡椒粉，搅匀调味。

❼ 盖上盖，续煮2分钟至入味。

❽ 关火，掀开锅盖，搅拌片刻。

❾ 将粥盛出，装入碗中即可。

 Tips　跟着做不会错：煮虾时间不要太长，以免影响口感。

香菇皮蛋粥

◎难易度：★☆☆

◎功效：增强免疫力

■■ 材料

香菇20克，皮蛋1个，胡萝卜60克，水发大米80克，姜片、葱花各适量

■■ 调料

盐2克，鸡粉2克

■■ 做法

❶ 洗好的香菇切成丁。

❷ 洗净去皮的胡萝卜切丁。

❸ 皮蛋去壳，切成小块，备用。

❹ 砂锅中注水烧开，倒入洗净的大米、胡萝卜丁、香菇丁，搅匀。

❺ 加盖，烧开后小火煮20分钟。

❻ 揭盖，倒入皮蛋、姜片拌匀。

❼ 盖上盖，中小火煮约10分钟。

❽ 揭盖，加盐、鸡粉调味。

❾ 关火后盛出，撒上葱花即可。

跟着做不会错：煮粥时加少许食用油，可使其更黏稠。

Tips

023

牛肉萝卜粥

◉难易度：★★☆　◉功效：美容养颜

■■ 材料

牛肉75克，白萝卜120克，胡萝卜70克，
水发大米95克，姜片、葱花各少许

■■ 调料

盐、鸡粉各适量

■■ 做法

❶ 将洗净去皮的胡萝卜切厚片，再切条形，改切成丁。

❷ 将洗好去皮的白萝卜切片，再切条形，改切成丁。

❸ 将洗好的牛肉切片，再切条形，改切成小块，用刀轻轻剁几下，切成丁。

❹ 锅中注入适量清水，用大火烧开，倒入牛肉丁，搅匀，余去血水，捞出，沥干水分，待用。

❺ 锅中注入适量清水，用大火烧开，倒入牛肉丁。

❻ 再倒入淘洗干净的大米，搅拌均匀。

❼ 放入胡萝卜丁、白萝卜，撒上少许姜片。

❽ 盖上砂锅盖，大火烧开后用小火煮约40分钟至食材熟软。

❾ 揭开砂锅盖，加入适量盐、鸡粉，搅匀调味。

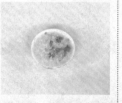

❿ 关火后盛出煮好的粥，装入碗中，撒上葱花即可。

Tips

跟着做不会错：牛肉不要切得太碎，以免影响口感。

胡椒猪肚砂锅粥

◎难易度：★★★　◎功效：开胃消食

▪▪ 材料

猪肚120克，水发大米180克，黑胡椒粒8克，姜片、葱花各少许

▪▪ 调料

盐3克，鸡粉2克，料酒8毫升，食用油适量

▪▪ 做法

① 把洗净的猪肚切成小块。

② 锅中倒入适量清水烧开，放入少许料酒。

③ 再倒入切好的猪肚，搅拌匀，余去血水和腥臊味。

④ 捞出猪肚，沥干水分，待用。

⑤ 砂锅中注入约800毫升清水烧开。

⑥ 撒上姜片，倒入余过水的猪肚。

⑦ 再淋入少许料酒，放入黑胡椒粒。

⑧ 盖上砂锅盖，用大火煮沸后改小火煮20分钟至散发出香味。

⑨ 揭开砂锅盖，倒入洗净的大米，再淋入食用油，搅拌几下。

⑩ 盖好砂锅盖，用小火续煮约30分钟至全部食材熟透。

⑪ 取下砂锅盖，加入盐、鸡粉。

⑫ 搅拌匀，再续煮片刻至食材入味。

⑬ 关火后盛出煮好的粥。

⑭ 放入汤碗中，撒上葱花即成。

Tips 🥣

跟着做不会错：将猪肚用适量白醋腌渍一下，可以有效去除其表面的黏液，防止切时滑刀。

牛奶粥

◉难易度：★☆☆ ◉功效：增强免疫力

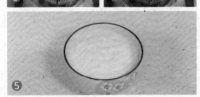

■■ 材料

牛奶400毫升，水发大米250克

■■ 做法

1. 砂锅中注入适量的清水，大火烧热。
2. 倒入牛奶，倒入洗净的大米，搅拌均匀。
3. 盖上砂锅盖，大火烧开后转小火煮30分钟至食材熟软。
4. 掀开砂锅盖，持续搅拌片刻。
5. 将粥盛出，装入碗中即可。

牛奶麦片粥

◉难易度：★☆☆　◉功效：益气补血

■■ 材料

燕麦片50克，牛奶150毫升

■■ 调料

白糖10克

■■ 做法

① 砂锅中注入少许清水烧热，倒入备好的牛奶。

② 用大火煮沸，放入备好的燕麦片，搅拌均匀。

③ 转中火，煮约3分钟，至食材熟透。

④ 撒上白糖，拌匀、煮沸，至糖分完全溶化。

⑤ 关火后盛出麦片粥，装入碗中即成。

黑米莲子粥

◉难易度：★☆☆　◉功效：增强免疫力

■■材料

水发大米120克，水发莲子95克，水发黑米75克

■■做法

❶ 砂锅中注入适量清水，大火烧开。

❷ 倒入洗净的莲子，放入洗好的黑米，加入大米，搅拌匀。

❸ 盖上砂锅盖，大火烧开后用小火煮40分钟至食材熟透。

❹ 揭开砂锅盖，搅拌均匀使粥更浓稠。

❺ 关火后盛出煮好的粥，装入碗中即可。

荷叶莲子枸杞粥

◉ 难易度：★☆☆

◉ 功效：降低血压

■■ 材料

水发大米150克，水发莲子90克，冰糖40克，枸杞12克，干荷叶10克

■■ 做法

❶ 砂锅中注入适量清水烧开，放入洗净的干荷叶。

❷ 盖上砂锅盖，烧开后小火煮约10分钟，至食材散出清香味。

❸ 揭开砂锅盖，捞出干荷叶，再倒入洗净的大米、莲子。

❹ 放入洗好的枸杞，搅拌匀。

❺ 加盖，煮沸后小火煮30分钟。

❻ 揭开盖，加入冰糖，搅拌匀。

❼ 用大火续煮至糖分溶化。

❽ 关火后盛出，装入碗中即成。

跟着做不会错：捞出荷叶时最好用细密的过滤网，这样能减少汤水中的杂质。

Tips

鲜藕枸杞甜粥

◎难易度：★☆☆　◎功效：开胃消食

■■ **材料**

莲藕300克，枸杞10克，水发大米150克

■■ **调料**

冰糖20克

■■ **做法**

❶ 洗净的莲藕去皮，切块，改切成丁，备用。

❷ 砂锅中注入适量清水，用大火烧开，倒入洗净的大米，拌匀。

❸ 盖上砂锅盖，用小火煮约30分钟。

❹ 揭开砂锅盖，放入切好的莲藕丁，搅拌匀，加入洗净的枸杞，拌匀。

❺ 盖上砂锅盖，小火续煮约15分钟至食材熟透。

❻ 揭开砂锅盖，放入冰糖，搅拌匀，煮至溶化。

❼ 关火后盛出煮好的粥，装入碗中即可。

Part 3

家常养生粥

粥是日常家庭餐桌上不可或缺的主食，香浓软糯的口感，比米饭更能抚慰虚弱的肠胃。用有限的食材，做出变化多样的粥品，是强健身体的上乘之选。

本章介绍了具有不同功效的多种家常养生粥，有的美容养颜，有的增强免疫力，有的保肝护肾，等等，琳琅满目，任你挑选。

菱角莲藕粥

◉难易度：★☆☆　◉功效：增强免疫力

■■ 材料

水发大米130克，莲藕70克，菱角肉85克，马蹄肉40克

■■ 调料

白糖3克

■■ 做法

❶ 将洗净的菱角肉切小块。

❷ 洗好的马蹄肉切开，再切小块。

❸ 去皮洗净的莲藕切开，再切条形，改切成丁。

❹ 砂锅中注入适量清水烧开，倒入洗净的大米。

❺ 放入莲藕丁、菱角小块、马蹄小块，搅拌匀。

❻ 盖上砂锅盖，烧开后转小火煮约40分钟。

❼ 揭开砂锅盖，加白糖，搅匀，至糖分溶化。

❽ 关火后盛出煮好的粥，装在小碗中即可。

山药蔬菜粥

◎ 难易度：★★☆　◎ 功效：增强免疫力

■■ 材料

山药70克，胡萝卜65克，菠菜50克，水发大米150克

■■ 做法

❶ 洗净去皮的山药切成小块。

❷ 洗好的胡萝卜去皮，切成丁。

❸ 洗净的菠菜切成小段，备用。

❹ 砂锅中注入适量清水烧开，倒入洗净的大米，搅拌匀。

❺ 盖上砂锅盖，大火烧开后用小火煮约30分钟。

❻ 揭开砂锅盖，倒入切好的胡萝卜丁、山药块，拌匀。

❼ 放入菠菜段，搅拌均匀。

❽ 盖上砂锅盖，烧开后用小火煮约5分钟至食材熟透。

❾ 揭开砂锅盖，关火盛出即可。

跟着做不会错：蔬菜煮的时间不要太长，以保证其口感鲜嫩。

Tips

紫薯桂圆小米粥

◎ 难易度：★★☆

◎ 功效：增强免疫力

■■ 材料

紫薯200克，桂圆肉30克，水发小米150克

■■ 做法

① 将洗好去皮的紫薯切成丁。

② 砂锅中注入适量清水烧开。

③ 倒入洗净的小米，搅拌均匀。

④ 加入洗好的桂圆肉，拌匀。

⑤ 盖上砂锅盖，用小火煮约30分钟至食材熟透。

⑥ 揭开砂锅盖，放入紫薯丁，轻轻搅拌均匀。

⑦ 盖上砂锅盖，用小火续煮20分钟至食材熟透。

⑧ 揭开砂锅盖，轻轻拌至入味。

⑨ 关火后盛出，装入碗中即可。

 **Tips**　跟着做不会错：放入小米后要不时搅拌，以免煳锅。

葡萄干苹果粥

◎难易度: ★☆☆　◎功效: 增强免疫力

■■ 材料
去皮苹果200克，水发大米400克，葡萄干30克

■■ 调料
冰糖20克

■■ 做法
❶ 洗净的苹果去核，切成丁。

❷ 砂锅中注入适量清水，用大火烧开，倒入淘洗干净的大米，拌匀。

❸ 盖上砂锅盖，大火煮20分钟至熟。

❹ 揭开砂锅盖，放入葡萄干，倒入准备好的苹果丁，拌匀。

❺ 盖上砂锅盖，续煮2分钟至食材熟透。

❻ 揭开砂锅盖，加入冰糖，搅拌至冰糖溶化。

❼ 关火后将煮好的粥盛出，装入碗中即可。

红豆腰果燕麦粥

◎难易度：★★☆　◎功效：增强免疫力

■■ 材料

水发红豆90克，燕麦85克，腰果40克

■■ 调料

冰糖20克，食用油适量

■■ 做法

❶ 热锅中注入食用油，烧至四成热，倒入腰果。

❷ 将腰果炸至金黄色，从锅中捞出，沥干油分，备用。

❸ 砂锅中注入适量清水，用大火烧开。

❹ 倒入洗净的燕麦、红豆，搅匀。

❺ 盖上砂锅盖，大火烧开后用小火煮40分钟，至食材熟透。

❻ 将炸好的腰果倒入杵臼中，捣碎成末。

❼ 把腰果末倒出，装入盘中，备用。

❽ 揭开砂锅盖，倒入冰糖。

❾ 搅拌均匀，煮至冰糖溶化。

❿ 关火后盛出煮好的粥，装入碗中，撒上腰果末即可。

Tips

跟着做不会错：燕麦不容易煮熟，可以适当多煮一会儿。

鲈鱼西蓝花粥

◎难易度：★★☆　◎功效：增强免疫力

■■ 材料
水发大米120克，鲈鱼150克，西蓝花75克，枸杞少许

■■ 调料
盐、鸡粉各2克，水淀粉适量

跟着做不会错：西蓝花比较脆，可以不用刀切，用手掰开即可。

■■ 做法

❶ 将洗净的西蓝花切去根部，再切成小朵，备用。

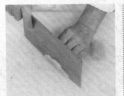

❷ 将洗好的鲈鱼去除鱼骨，取出鱼肉，再切成细丝，备用。

❸ 把鱼肉丝装入碗中，加盐、鸡粉，淋水淀粉。

❹ 将碗中材料拌匀，腌渍约10分钟，至其入味，备用。

❺ 砂锅中注入适量清水，大火烧开，倒入洗净的大米、枸杞，拌匀。

等到锅中的水沸腾后再放入淘洗干净的大米、枸杞，还要用勺子将食材拌匀，以确保之后煮好的粥香味更浓。

❻ 盖上砂锅盖，大火烧开后用小火煮约30分钟。

❼ 揭开砂锅盖，倒入准备好的西蓝花小朵，搅拌均匀。

❽ 再盖上砂锅盖，用小火续煮约10分钟至食材熟透。

❾ 揭开砂锅盖，放入鱼肉丝。

❿ 搅拌均匀，用大火煮至熟。

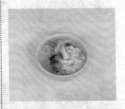

⓫ 关火后盛出煮好的粥，装入碗中，即可食用。

高粱红豆粥

◎难易度：★☆☆　◎功效：健脾止泻

■■ 材 料

红豆70克，高粱米50克

■■ 调 料

冰糖20克

■■ 做 法

❶ 砂锅中注入适量清水，大火烧开。

❷ 放入洗净的高粱米和红豆，搅拌匀。

❸ 盖上砂锅盖，大火烧开后，转小火煮75分钟至食材熟透。

❹ 揭开砂锅盖，放入冰糖拌匀，用中火煮至溶化。

❺ 关火后盛出煮好的粥，装在小碗中即可。

冬瓜绿豆粥

◉ 难易度：★☆☆
◉ 功效：清热健脾

■■ **材料**

冬瓜200克，水发绿豆60克，水发大米100克

■■ **调料**

冰糖20克

■■ **做法**

❶ 洗净去皮的冬瓜切丁，备用。

❷ 砂锅中注入适量清水烧开，倒入洗净的大米，搅拌均匀。

❸ 放入洗好的绿豆，搅匀。

❹ 加盖，烧开后小火煮30分钟。

❺ 揭盖，放入冬瓜丁，拌匀。

❻ 加盖，小火煮15分钟至瓜烂。

❼ 揭开锅盖，加入冰糖。

❽ 拌匀，煮至溶化。

❾ 关火后盛出，装入碗中即可。

跟着做不会错：绿豆宜用小火煮，这样不容易煳锅。

Tips

芡实大米粥

◉难易度：★☆☆　◉功效：健脾养胃

■■ 材料

水发大米150克，水发芡实70克

■■ 做法

❶ 砂锅中注入适量清水烧开，倒入洗净的芡实。

❷ 盖上砂锅盖，大火烧开后用小火煮约10分钟，
　 至芡实熟软。

❸ 揭开砂锅盖，倒入洗净的大米，搅拌片刻。

❹ 再盖上砂锅盖，用小火续煮约30分钟至大米完
　 全熟软。

❺ 揭开砂锅盖，持续搅拌片刻。

❻ 将煮好的粥盛出，装入碗中，即可食用。

薏米红薯粥

◉难易度：★☆☆　◉功效：健胃消食

■■ 材料
水发薏米100克，红薯150克，水发大米180克

■■ 调料
冰糖25克

■■ 做法
1. 洗净去皮的红薯切块，再切成条，改切成丁，装入盘中，备用。
2. 砂锅中注入适量清水烧开，倒入洗净的大米、红薯丁。
3. 放入洗好的薏米，搅拌均匀。
4. 盖上砂锅盖，烧开后用小火煮40分钟至粥稠。
5. 揭开砂锅盖，放入冰糖。
6. 拌匀，续煮至冰糖溶化。
7. 关火后盛出煮好的粥，装入碗中即可。

健脾益气粥

◎难易度：★☆☆　◎功效：健脾止泻

▇▇ 材料

水发大米150克，山药50克，芡实45克，水发莲子40克，干百合35克

▇▇ 调料

冰糖30克

▇▇ 做法

❶ 砂锅中注入适量清水，大火烧开。

❷ 放入洗净的山药、芡实、莲子、干百合。

❸ 倒入洗好的大米，轻轻搅匀，使米粒散开。

❹ 盖上砂锅盖，煮沸后小火煮约40分钟至米熟透。

❺ 揭开砂锅盖，加冰糖，转中火，略煮至糖溶。

❻ 关火后盛出煮好的粥，装入碗中即成。

五味健脾粥

●难易度：★☆☆　●功效：健脾止泻

■■ 材料

白术10克，茯苓15克，山药20克，水发白扁豆100克，水发小米90克，水发大米160克

■■ 调料

盐2克

■■ 做法

❶ 砂锅中注入适量清水，大火烧开。

❷ 放入洗净的白术、茯苓、山药、白扁豆，倒入洗净的小米、大米，用勺轻轻搅拌匀。

❸ 盖上砂锅盖，用小火煮约30分钟至熟。

❹ 揭开砂锅盖，加盐，拌匀调味，略煮片刻。

❺ 关火后盛出煮好的粥，装入碗中即可。

木耳山楂排骨粥

◎难易度：★★☆　◎功效：健脾养胃

■■ 材料

水发木耳40克，排骨300克，山楂90克，水发大米150克，水发黄花菜80克，葱花少许

■■ 调料

料酒8毫升，盐2克，鸡粉2克，胡椒粉少许

Tips

跟着做不会错：排骨煮一会儿后会有浮沫，将其撇去后口感会更好。

■■ 做法

❶ 将洗好的木耳切成小块，备用。

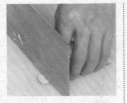
❷ 将洗净的山楂切开，去核，切成小块，备用。

❸ 砂锅中注入适量清水，用大火烧开，倒入淘洗干净的大米，搅散。

❹ 加入洗净的排骨，拌匀。

❺ 淋入备好的料酒，搅拌片刻。

再这里加入料酒，不仅可以起到调味、提香的作用，还能够帮助排骨熬煮更入味。

❻ 盖上砂锅盖，煮至沸腾。

❼ 揭开砂锅盖，倒入切好的木耳、山楂，加入洗净的黄花菜，搅拌均匀。

❽ 盖上砂锅盖，用小火煮30分钟，至食材熟透。

❾ 揭开砂锅盖，加盐、鸡粉、胡椒粉。

❿ 用锅勺拌匀调味。

⓫ 关火后盛出煮好的的粥，装入碗中，撒上葱花即可。

鲫鱼薏米粥

◉难易度：★★☆ ◉功效：清热降火

■■ 材料

鲫鱼400克，薏米100克，大米200克，枸杞少许

■■ 调料

盐、鸡粉各2克，料酒、芝麻油各适量

■■ 做法

1. 处理干净的鲫鱼切成大段，备用。
2. 砂锅加水烧热，倒入洗净的薏米、大米、鲫鱼。
3. 盖上砂锅盖，用大火煮开后转小火煮40分钟。
4. 揭开砂锅盖，加入料酒，拌匀。
5. 再盖上砂锅盖，略煮一会儿，去除腥味。
6. 揭开砂锅盖，放入洗净的枸杞，续煮5分钟。
7. 加入盐、鸡粉、芝麻油，拌匀。
8. 关火后盛出煮好的粥，装入碗中即可。

冬瓜莲子绿豆粥

◎难易度：★☆☆ ◎功效：清热解毒

■■ 材料

冬瓜200克，水发绿豆70克，水发莲子90克，水发大米180克

■■ 调料

冰糖20克

■■ 做法

❶ 洗净去皮的冬瓜切成小块。

❷ 砂锅中注入适量清水烧开，倒入洗净的绿豆、莲子。

❸ 放入洗好的大米，拌匀。

❹ 加盖，烧开后小火煮40分钟。

❺ 揭开砂锅盖，放入冬瓜块。

❻ 盖上砂锅盖，小火煮15分钟。

❼ 揭开砂锅盖，放入冰糖。

❽ 拌匀，煮约3分钟至冰糖溶化。

❾ 盛出，装入碗中即可。

跟着做不会错：煮制此粥时，冬瓜皮也可不去掉，这样清热效果更好。

Tips 🥄

红糖绿豆粥

◉难易度：★☆☆　◉功效：清热解毒

■■ 材料
水发大米80克，水发绿豆100克

■■ 调料
红糖10克

■■ 做法

❶ 砂锅中注入适量清水，大火烧热，倒入洗好的绿豆、大米，拌匀。

❷ 盖上砂锅盖，大火烧开后用小火煮约35分钟，至食材熟透。

❸ 揭开砂锅盖，倒入红糖。

❹ 拌匀，煮至溶化。

❺ 关火后盛出煮好的粥即可。

红豆南瓜粥

◉难易度：★☆☆ ◉功效：消脂降火

■■ 材料

水发红豆85克，水发大米100克，南瓜120克

■■ 做法

❶ 洗净去皮的南瓜去瓤，切成丁。

❷ 砂锅中注入适量清水，大火烧开，倒入洗净的大米，搅匀。

❸ 加入洗好的红豆，搅拌匀。

❹ 盖上砂锅盖，用小火煮30分钟，至食材软烂。

❺ 揭开砂锅盖，加南瓜丁拌匀。

❻ 再盖上砂锅盖，用小火续煮5分钟，至全部食材熟透。

❼ 揭开砂锅盖，搅拌一会儿。

❽ 将煮好的红豆南瓜粥盛出，装入汤碗中即可。

跟着做不会错：熬煮此粥时，火候不要太大，否则南瓜会过于软烂，影响口感。

Tips

玉米山药粥

⦿难易度：★★☆　⦿功效：清热排毒

■■材料

山药90克，玉米粉100克

■■做法

❶ 将去皮洗净的山药切条，再切小块。

❷ 取一小碗，放入备好的玉米粉，倒入适量清水，一边倒入，一边搅拌均匀。

❸ 拌至米粉完全溶化，制成玉米糊，待用。

❹ 砂锅中注入适量清水，用大火烧开，放入准备好的山药丁。

❺ 搅拌匀，再倒入调好的玉米糊，一边倒入，一边搅拌均匀。

❻ 用中火煮约3分钟，至食材熟透。

❼ 关火后，盛出煮好的山药米糊，装在碗中，即可食用。

当归马蹄粥

◎难易度：★★☆　◎功效：清热降火

■■ 材料

当归10克，马蹄100克，水发大米150克

■■ 做法

1 将洗净去皮的马蹄切成小块，备用。

2 砂锅中注入适量清水烧开，放入洗好的当归。

3 盖上砂锅盖，用小火煮15分钟，至其析出有效成分。

4 揭开砂锅盖，夹出当归。

5 将洗净的大米倒入砂锅中。

6 盖上砂锅盖，小火煮30分钟。

7 揭开砂锅盖，加入马蹄块拌匀。

8 盖上砂锅盖，小火煮10分钟。

9 揭盖，搅拌片刻，关火后盛出，装入汤碗中即可。

跟着做不会错：若不习惯当归的味道，可以适量少放一些。

Tips

鲜虾香菇粥

◉难易度：★☆☆ ◉功效：清热解毒

■■ **材料**

虾仁35克，水发香菇40克，娃娃菜65克，

水发大米90克，姜片、葱花各少许

■■ **调料**

盐1克，鸡粉2克

■■做法

 ❶ 将洗净的娃娃菜切成小块。

 ❷ 将洗好的香菇切成条形，改切成小丁块，备用。

 ❸ 将洗净的虾仁切丁，备用。

 ❹ 砂锅中注入适量清水，用大火烧热。

 ❺ 倒入备好的大米、香菇丁、姜片、虾仁丁，拌匀。

 ❻ 盖上砂锅盖，大火煮开后改用小火煮30分钟。

 ❼ 揭开砂锅盖，倒入娃娃菜块。

 ❽ 加入盐、鸡粉，搅拌均匀。

 ❾ 盖上砂锅盖，用中小火续煮10分钟，至锅中食材熟透。

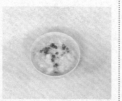 ❿ 揭开砂锅盖，搅拌均匀，关火后盛出煮好的粥，装入碗中，撒上葱花即可。

Tips

跟着做不会错：大米先用清水浸泡半小时再煮，这样更易煮熟，食用时口感也更佳。

蔬菜粥

◎难易度：★★☆　◎功效：润肤抗皱

■■材料

水发大米160克，黄瓜35克，胡萝卜25
克，火腿肠45克，洋葱30克，姜末少许

■■调料

盐少许

■■ 做法

❶ 将洗净的胡萝卜切片，再切条，改切成小块，备用。

❷ 将洗好的洋葱切条，再切成小块，装入盘中，备用。

❸ 将洗净的黄瓜切片，再切条，改切成小丁块，备用。

❹ 火腿肠去除外包装，切片，再切条，改切成丁，备用。

❺ 砂锅中注入适量清水烧开，倒入洗净的大米，拌匀。

❻ 盖上砂锅盖，烧开后用中火煮约30分钟，至大米熟软。

❼ 揭开砂锅盖，倒入准备好的胡萝卜块、洋葱块、黄瓜块。

❽ 撒上姜末，倒入火腿丁，拌匀，用大火煮至食材熟透。

❾ 加入少许盐，拌煮至入味。

❿ 关火后将煮好的粥盛入碗中即可。

Tips

跟着做不会错：所有食材最好都切得小一些，这样更易入味。

 跟着做不会错：白芝麻可以先干炒一下再入锅，味道会更香。

核桃蔬菜粥

◉难易度：★★☆　◉功效：美容护肤

■■ 材料

胡萝卜120克，豌豆65克，核桃粉15克，水发大米120克，白芝麻少许

■■ 调料

芝麻油少许

■■ 做法

❶ 洗好去皮的胡萝卜切开，再切段，备用。

❷ 锅中注入适量清水烧开，倒入胡萝卜段，再倒入洗净的豌豆。

❸ 用中火煮约3分钟，至其断生。

❹ 捞出焯煮好的食材，沥干水分，放凉待用。

❺ 将放凉的胡萝卜切碎，剁成末。

❻ 把放凉的豌豆切碎，剁成细末，备用。

❼ 砂锅中注入适量清水，用大火烧开，倒入洗净的大米，搅拌片刻。

❽ 盖上砂锅盖，大火烧开后用小火煮约20分钟至大米熟软。

❾ 揭开砂锅盖，倒入焯过水的豌豆、胡萝卜，轻轻搅拌均匀。

❿ 撒上备好的白芝麻，搅拌匀。

⓫ 盖上砂锅盖，用中火续煮15分钟至食材熟透。

⓬ 揭开砂锅盖，倒入核桃粉，搅拌均匀。

⓭ 淋入少许芝麻油，搅匀。

⓮ 关火后盛出煮好的粥即可。

花菜菠萝稀粥

◉难易度：★☆☆ ◉功效：美容抗皱

■■ 材料

菠萝肉160克，花菜120克，水发大米85克

■■ 做法

❶ 将去皮洗净的菠萝肉切片，再切成条，改切成小丁块。

❷ 将洗好的花菜去除根部，切成片，改切成小朵，备用。

❸ 砂锅中注入适量清水，用大火烧开，倒入洗净的大米，拌匀。

❹ 盖上砂锅盖，烧开后用小火煮30分钟。

❺ 揭开砂锅盖，倒入花菜朵，拌匀。

❻ 再盖上砂锅盖，用小火续煮10分钟。

❼ 揭开砂锅盖，倒入菠萝块拌匀，小火续煮3分钟。

❽ 关火后盛出煮好的稀粥即可。

榛子枸杞桂花粥

◎难易度：★☆☆　◎功效：防衰抗皱

■■ 材料

水发大米200克，榛子仁20克，枸杞7克，桂花5克

■■ 做法

❶ 往砂锅中注入清水烧开，倒入洗净的大米，搅拌均匀，使米粒散开。

❷ 盖上砂锅盖，煮沸后用小火煲煮约40分钟，至米粒熟透。

❸ 揭开砂锅盖，倒入备好的榛子仁、枸杞、桂花，搅拌均匀。

❹ 盖上砂锅盖，用小火续煮15分钟，至米粥浓稠。

❺ 揭开砂锅盖，搅拌均匀。

❻ 关火后，将煮好的粥装入碗中即可。

红枣糯米甜粥

◉难易度：★☆☆　◉功效：补血护肤

■■ 材料

水发糯米120克，红枣35克

■■ 调料

白糖少许

■■ 做法

❶ 砂锅中注入适量清水，用大火烧开。

❷ 倒入洗净的红枣和糯米，拌匀、搅散。

❸ 盖上砂锅盖，大火烧开后转小火煮约45分钟，至食材熟透。

❹ 揭开砂锅盖，加入少许白糖拌匀，煮至溶化。

❺ 关火后盛出煮好的甜粥，装在碗中即成。

胡萝卜猪血豆腐粥

◎ 难易度：★★☆ ◎ 功效：补血抗皱

■■ 材料

水发大米120克，猪血150克，豆腐130克，胡萝卜70克，葱花少许

■■ 调料

盐2克，鸡粉1克

■■ 做法

1. 将洗好的猪血切成小方块。
2. 洗净的豆腐切成小丁块。
3. 洗好的胡萝卜切成小丁。
4. 砂锅中注适量清水，大火烧开，倒入洗净的大米，拌匀。
5. 加盖，烧开后小火煮30分钟。
6. 加胡萝卜丁、豆腐块、猪血块。
7. 盖上盖，中小火续煮20分钟。
8. 揭盖，加盐、鸡粉调味。
9. 关火后盛出，撒葱花即可。

跟着做不会错：猪血烹制前要泡在水中，否则会影响口感。

Tips

芝麻猪肝山楂粥

◉难易度：★★☆　◉功效：补血抗衰

■■ 材料

猪肝150克，水发大米120克，山楂100克，水发花生米90克，白芝麻15克，葱花少许

■■ 调料

盐2克，鸡粉2克，水淀粉、食用油各适量

跟着做不会错：腌渍猪肝时可淋入少许料酒，不仅能去除其腥味，还能改善粥的口感。

■■ 做法

❶ 将洗净的山楂去除头尾，再切开，去除果核，改切成小块，备用。

❷ 将洗好的猪肝切成薄片，备用。

❸ 把猪肝片装入碗中，放入少许盐、鸡粉，再加水淀粉，搅拌均匀，上浆。

❹ 再注入适量食用油，腌渍约10分钟，至其入味。

❺ 砂锅中注入适量清水烧开，倒入洗净的大米，搅拌匀。

❻ 撒上洗净的花生米，快速搅拌一会儿，使食材散开。

❼ 盖上砂锅盖，大火煮沸后用小火煮约30分钟，至食材熟软。

❽ 揭开砂锅盖，倒入准备好的山楂，撒上洗净的白芝麻，搅拌均匀。

❾ 再盖好砂锅盖，用小火续煮约15分钟，至食材熟透。

❿ 取下砂锅盖，放入腌渍好的猪肝片，拌煮至变色。

⓫ 加盐、鸡粉，拌匀调味，用中火煮一会儿，至米粥入味。

⓬ 关火后盛出煮好的猪肝粥，装入汤碗中，撒上葱花即成。

枸杞川贝花生粥

◎难易度：★☆☆　◎功效：养心润肺

■■ 材料

枸杞10克，川贝母10克，水发花生米70克，水发大米150克

■■ 做法

❶ 砂锅中注入适量清水，大火烧开。

❷ 倒入洗净的大米，搅散开。

❸ 放入洗净的花生米，加入洗净的川贝母、枸杞，搅拌均匀。

❹ 盖上砂锅盖，大火烧开后用小火煮30分钟，至大米熟透。

❺ 揭开砂锅盖，用勺子搅拌片刻。

❻ 把煮好的粥盛出，装入碗中即可。

藕丁西瓜粥

◉难易度：★☆☆　◉功效：滋阴润肺

■■ **材料**

莲藕150克，西瓜200克，大米200克

■■ **做法**

① 洗净去皮的莲藕切成片，再切条，改切成丁。

② 西瓜切成瓣，去皮，再切成块，备用。

③ 砂锅中注入适量清水烧热。

④ 倒入洗净的大米，搅匀。

⑤ 盖上锅盖，煮开后转小火煮40分钟至其熟软。

⑥ 揭盖，倒入藕丁、西瓜块。

⑦ 盖上锅盖，用中火煮20分钟。

⑧ 揭开锅盖，搅拌均匀。

⑨ 关火后将煮好的粥盛出，装入碗中即可。

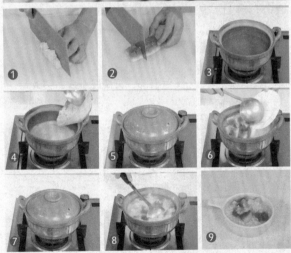

跟着做不会错：藕丁最好切得大小一致，这样口感更佳。

Tips

双米银耳粥

⊙难易度：★☆☆　⊙功效：降压润肺

■■ 材料

水发小米120克，水发大米130克，水发银耳100克

■■ 做法

❶ 洗好的银耳切去黄色根部，再切成小块，装入盘中，备用。

❷ 砂锅中注入适量清水，大火烧开。

❸ 倒入洗净的大米。

❹ 加入洗好的小米，搅匀。

❺ 放入切好的银耳，继续搅拌匀。

❻ 盖上砂锅盖，大火烧开后用小火煮30分钟，至食材熟透。

❼ 揭开砂锅盖，把煮好的粥盛出，装入碗中，即可食用。

香菇瘦肉粥

◎难易度⋯★☆☆　◎功效⋯益气润肺

■■ 材料

水发大米400克，香菇10克，瘦肉50克，蛋清20毫升，姜末、葱花各少许

■■ 调料

盐2克，鸡粉3克，胡椒粉适量

■■ 做法

1. 洗净的瘦肉切成末。
2. 洗好的香菇切丝，改切成丁。
3. 砂锅中加水烧开，倒入大米。
4. 加盖，大火煮20分钟至米软。
5. 揭盖，放瘦肉末、香菇丁、姜末。
6. 加盖，续煮3分钟至食材熟软。
7. 揭盖，加盐、鸡粉、胡椒粉。
8. 倒入蛋清，放入葱花，拌匀。
9. 关火后盛出，装入碗中即可。

跟着做不会错：可在粥里加入少许食用油，这样煮出的粥口感更佳。

Tips

海参粥

◎难易度：★★☆ ◎功效：滋阴润肺

■■材料

海参300克，粳米250克，姜丝少许

■■调料

盐、鸡粉各2克，芝麻油少许

■■ 做法

❶ 将洗净的海参切开，去除内脏，再切成丝，备用。

❷ 锅中注入适量清水，用大火烧开，放入切好的海参丝，略煮片刻，去除腥味。

❸ 捞出汆煮好的海参丝，装盘待用。

❹ 砂锅中注入适量清水，用大火烧热，倒入洗好的粳米，搅拌匀。

❺ 盖上砂锅盖，用大火煮开后转小火煮40分钟至粳米熟软。

❻ 揭开砂锅盖，加入盐、鸡粉，拌匀。

❼ 倒入汆过水的海参丝，放入姜丝，拌匀。

❽ 盖上砂锅盖，续煮10分钟至食材入味。

❾ 揭开砂锅盖，淋入芝麻油，拌匀。

❿ 关火后盛出煮好的粥，装入碗中，即可食用。

Tips

跟着做不会错：煮粥时可以加入少许青菜，能增加此粥清爽的口感。

黑米桂花粥

◎难易度：★☆☆ ◎功效：保肝护肾

■■ 材料

水发赤小豆150克，水发莲子100克，桂花10克，红枣20克，水发黑米150克，花生米20克

■■ 调料

冰糖25克

■■ 做法

① 砂锅加水，倒入赤小豆、黑米、花生米、莲子、红枣。

② 盖上砂锅盖，大火煮开后转小火煮30分钟。

③ 揭开砂锅盖，放入冰糖、桂花，拌匀。

④ 盖上砂锅盖，续煮2分钟至冰糖溶化。

⑤ 揭开砂锅盖，搅拌片刻使其入味。

⑥ 关火后将煮好的粥盛出，装入碗中即可。

山药玉米粥

◎ 难易度：　★☆☆

◎ 功效：　保肝护肾

■■ 材料

山药90克，水发大米100克，枸杞10克，鲜玉米粒120克，白果70克

■■ 调料

盐2克

■■ 做法

❶ 洗净去皮的山药切成丁。

❷ 砂锅加水烧开，倒入大米。

❸ 放洗净的山药丁、玉米粒、白果。

❹ 加盖，烧开后小火煮30分钟。

❺ 揭盖，放入洗好的枸杞拌匀。

❻ 再盖上盖，用小火续煮5分钟。

❼ 揭盖，加盐，搅拌匀。

❽ 快速搅动使其更入味。

❾ 关火后盛出，装入碗中即可。

跟着做不会错：白果有微毒，一定要煮熟透后再食用。

Tips

075

 **Tips**

跟着做不会错：猪腰不要入锅太早，以免煮老了，使
口感不佳。

枸杞猪肝茼蒿粥

◎难易度：★★☆　◎功效：保肝护肾

■■ 材料

猪肝90克，茼蒿90克，水发大米150克，枸杞10克，姜丝、葱花各少许

■■ 调料

料酒8毫升，盐3克，鸡粉3克，生粉5克，胡椒粉少许，芝麻油2毫升，食用油适量

■■ 做法

❶ 洗净的茼蒿切段。

❷ 处理干净的猪肝切片。

❸ 将猪肝片装入碗中，放入姜丝。

❹ 放入鸡粉、料酒、盐，拌匀。

❺ 加入生粉，搅拌均匀。

❻ 淋入适量食用油，腌渍10分钟，至其入味。

❼ 砂锅中注入适量清水，用大火烧开，放入洗净的大米，拌匀。

❽ 盖上砂锅盖，用小火煮30分钟，至大米熟透。

❾ 揭开砂锅盖，放入洗净的枸杞。

❿ 再倒入腌好的猪肝片，搅散，煮至沸。

⓫ 放入茼蒿段，搅拌匀，煮至熟软。

⓬ 加入少许盐、鸡粉、胡椒粉，淋入芝麻油。

⓭ 用勺拌匀调味。

⓮ 关火后盛出煮好的汤料，装入汤碗中，撒上葱花，即可食用。

板栗牛肉粥

⊙难易度：★☆☆　⊙功效：保肝护肾

■■ 材料

水发大米120克，板栗肉70克，牛肉片60克

■■ 调料

盐2克，鸡粉少许

■■ 做法

❶ 砂锅中注入适量清水，大火烧热。

❷ 倒入洗净的大米，搅匀。

❸ 盖上砂锅盖，烧开后用小火煮约15分钟。

❹ 揭开砂锅盖，再倒入洗好的板栗肉，拌匀。

❺ 盖上砂锅盖，中小火煮约20分钟至板栗肉熟。

❻ 揭开砂锅盖，倒入洗净的牛肉片，拌匀。

❼ 加入少许盐、鸡粉，搅拌匀，用大火略煮，至肉片熟透。

❽ 关火后盛出煮好的粥，装入碗中即成。

牡蛎粥

◎难易度：★★☆

◎功效：保肝护肾

■■ 材料

水发紫米、水发大米各80克，生蚝肉100克，姜片、香菜末、葱花各少许

■■ 调料

盐2克，鸡粉2克，料酒3毫升，胡椒粉2克，芝麻油2毫升

■■ 做法

1 洗净的生蚝肉装碗，放姜片。
2 加盐、鸡粉、料酒腌渍10分钟。
3 砂锅加水烧开，倒入大米、紫米。
4 加盖，烧开后小火煮30分钟。
5 揭盖，倒入生蚝肉，煮沸。
6 加盐、鸡粉、胡椒粉、芝麻油。
7 用锅勺搅匀调味。
8 盛出，撒香菜末、葱花即可。

跟着做不会错：由于生蚝易熟，因此生蚝入锅后不要煮太久，否则会失去其鲜美的味道。

Tips

西蓝花蛤蜊粥

◎难易度：★★★　◎功效：保肝护肾

■■ 材料

西蓝花90克，蛤蜊200克，水发大米150克，姜片少许

■■ 调料

盐2克，鸡粉2克，食用油适量

■■ 做法

❶ 锅中注入适量清水烧开，倒入洗净的蛤蜊，煮至壳开，捞出，备用。

❷ 将蛤蜊装入碗中，用清水清洗干净，取出蛤蜊肉，待用。

❸ 将洗净的西蓝花切成小块，备用。

❹ 砂锅中注入适量清水，用大火烧开，倒入泡好的大米，搅拌均匀。

❺ 盖上砂锅盖，用大火烧开后，转小火煮30分钟，至锅中大米熟软。

❻ 揭开砂锅盖，放入准备好的蛤蜊肉，放入姜片，搅拌均匀。

❼ 加入适量食用油，放入切好的西蓝花块，搅拌均匀，煮3分钟，至锅中食材全部熟透。

❽ 加入盐、鸡粉，搅匀调味。

❾ 继续搅拌，使食材入味。

❿ 把煮好的粥盛出，装入碗中即可。

Tips

跟着做不会错：煮粥的时候，水要一次性加够，中途不宜再加水，以免粥的口感变差。

木瓜杂粮粥

◉难易度：★☆☆　◉功效：排毒瘦身

■■ 材料

木瓜110克，水发大米80克，水发绿豆、水发糙米、水发红豆、水发绿豆、水发薏米、水发莲子、水发花生米各70克，玉米碎60克，玉竹20克

■■ 做法

❶ 将洗净去皮的木瓜切小丁块，备用。

❷ 砂锅中注入适量清水，大火烧开。

❸ 将除木瓜外的食材都倒入砂锅中，搅拌匀。

❹ 盖上砂锅盖，大火煮沸后用小火煮约30分钟至食材熟软。

❺ 揭开砂锅盖，倒入木瓜丁，搅拌匀。

❻ 用小火续煮约3分钟，至食材熟透。

❼ 关火后盛出煮好的杂粮粥。

❽ 装入碗中即成。

小米黄豆粥

◎难易度：★☆☆

◎功效：排毒瘦身

■■ 材料

小米50克，水发黄豆80克，葱花少许

■■ 调料

盐2克

■■ 做法

1. 砂锅中注入适量清水，大火烧开，倒入洗净的黄豆。
2. 再加入泡发好的小米。
3. 用锅勺将锅中食材搅拌均匀。
4. 加盖，烧开后小火煮30分钟。
5. 揭开锅盖，稍拌，以免粘锅。
6. 加入盐。
7. 快速拌匀至入味。
8. 关火，盛出装入碗中，再放上葱花即可。

跟着做不会错：在烹饪黄豆时应将其煮熟、煮透，若黄豆半生不熟就食用，易引起恶心、呕吐等症状。

Tips

鸡肉木耳粥

◉难易度：★★☆　◉功效：排毒瘦身

■■材料

鸡胸肉30克，水发木耳20克，软米饭180克

■■ 做法

❶ 将洗净的鸡胸肉切碎，剁成肉末，装入盘中，备用。

❷ 将洗好的木耳切成碎末，装盘，备用。

❸ 锅中加入适量清水，用大火烧热。

❹ 倒入备好的软米饭，搅拌均匀。

❺ 盖上锅盖，用小火熬煮20分钟，至软米饭煮烂。

❻ 揭开锅盖，倒入处理干净的鸡肉末，搅拌均匀。

❼ 再放入准备好的木耳，拌匀。

❽ 盖上锅盖，用小火熬煮5分钟，至食材熟透。

❾ 揭开锅盖，用锅勺搅拌均匀，再用大火煮沸。

❿ 将煮好的粥盛出，装入碗中，即可食用。

Tips 🥢

跟着做不会错：木耳宜放入温水中泡发，泡发后仍然紧缩在一起的部分则不宜食用。

085

海带绿豆粥

◉难易度：★☆☆　◉功效：排毒瘦身

■■ 材 料
水发大米160克，水发绿豆90克，水发海带丝65克

■■ 做 法
❶ 砂锅中注入适量清水，大火烧热。

❷ 放入洗好的大米，拌匀，倒入洗净的绿豆。

❸ 盖上砂锅盖，大火烧开后用小火煮约40分钟至米、豆变软。

❹ 揭开砂锅盖，倒入洗净的海带丝，搅匀。

❺ 再盖上砂锅盖，用小火煮约15分钟至食材熟透。

❻ 揭开砂锅盖，搅拌几下，关火后，盛出煮好的绿豆粥。

❼ 装入碗中即成。

鳕鱼粥

◎ 难易度：★★☆

◎ 功效：排毒瘦身

■■ 材料
鳕鱼肉120克，水发大米150克

■■ 调料
盐少许

■■ 做法
❶ 蒸锅上火烧开，放入处理好的鳕鱼肉。

❷ 盖上盖，中火蒸约10分钟。

❸ 揭盖，取出鳕鱼肉，晾凉。

❹ 将鳕鱼肉压成泥状，备用。

❺ 砂锅中注入适量清水烧开，倒入洗净的大米，搅拌均匀。

❻ 加盖，烧开后小火煮30分钟。

❼ 揭盖，倒入鳕鱼肉泥拌匀。

❽ 加盐拌匀，略煮至入味。

❾ 关火后盛出，装入碗中即可。

跟着做不会错：蒸鳕鱼的时间不宜太久，以免影响口感。

Tips

 Tips　跟着做不会错：木耳泡开后用流水多冲洗几次，这样
能有效去除附在其表面的杂质。

鲜虾木耳芹菜粥

◎难易度：★★☆ ◎功效：排毒瘦身

■■ **材料**

水发大米100克，芹菜梗50克，虾仁45克，水发木耳35克，姜片少许

■■ **调料**

盐3克，鸡粉2克，水淀粉、芝麻油各适量

■■ **做法**

❶ 将洗净的虾仁由背部切开，去除虾线。

❷ 洗好的芹菜梗切成丁。

❸ 洗净的木耳切小块。

❹ 把处理好的虾仁装入碗中。

❺ 加入盐、水淀粉，搅拌匀。

❻ 再静置约10分钟，至虾仁入味。

❼ 砂锅中注入适量清水烧开，倒入洗好的大米，搅拌均匀。

❽ 盖上砂锅盖，煮沸后用小火煮约30分钟，至米粒变软。

❾ 揭开砂锅盖，撒上姜片，再放入腌渍好的虾仁。

❿ 倒入切好的木耳块，搅拌匀。

⓫ 再盖好砂锅盖，用小火续煮约5分钟，至食材九成熟。

⓬ 取下砂锅盖，倒入切好的芹菜丁，加入盐、鸡粉，搅匀调味。

⓭ 再放入芝麻油，拌煮片刻，至米粥熟透、入味。

⓮ 关火后盛出煮好的芹菜粥，装碗即成。

补血养生粥

◎难易度：★☆☆　◎功效：益气补血

■■ 材料

眉豆40克，绿豆30克，赤小豆40克，薏米100克，红米40克，玉米50克，糙米45克，水发小米35克，水发黑米100克，花生米55克，红糖20克，蜂蜜10毫升

■■ 做法

❶ 砂锅中加水，倒入眉豆、绿豆、赤小豆、薏米、红米、糙米、黑米、小米、花生米、玉米拌匀。

❷ 加盖，大火煮开转小火煮30分钟至食材熟透。

❸ 揭盖，加入红糖、蜂蜜。

❹ 搅拌片刻使其入味。

❺ 关火后将煮好的粥盛出，装入碗中即可。

益气养血粥

◎ 难易度：★★☆ ◎ 功效：益气补血

▪▪ 材料

水发大米95克，红枣15克，当归、黄芪、白芍各少许

▪▪ 调料

红糖20克

▪▪ 做法

❶ 砂锅中注入适量清水烧开，倒入洗净的当归、黄芪、白芍。

❷ 加盖，烧开后中小火煲20分钟。

❸ 揭开盖，捞出药材。

❹ 倒入洗好的红枣。

❺ 放入洗净的大米，拌匀。

❻ 加盖，烧开后小火煮30分钟。

❼ 揭盖，加入红糖。

❽ 拌匀，煮至红糖溶化。

❾ 关火后盛出，装入碗中即可。

跟着做不会错：煮粥时水不要加太少，以免煳锅。

Tips

陈皮红豆粥

◉难易度：★☆☆　◉功效：益气补血

■■ 材料

红豆150克，陈皮10克，大米100克

■■ 调料

冰糖少许

■■ 做法

❶ 砂锅中注入适量清水，倒入洗净的陈皮、红豆、大米，拌匀。

❷ 盖上砂锅盖，烧开后小火煮1小时至食材熟软。

❸ 揭开砂锅盖，加入冰糖。

❹ 拌匀，煮至溶化。

❺ 关火后盛出煮好的粥，装入碗中。

❻ 待稍微放凉后即可食用。

当归红花补血粥

◎难易度：★☆☆ ◎功效：益气补血

■■ **材料**

大米200克，红花、黄花、当归、川芎各5克

■■ **调料**

白糖5克

■■ **做法**

❶ 砂锅中注入适量清水，放入洗净的川芎、当归、黄花。

❷ 用大火煮开后，倒入洗好的大米。

❸ 盖上砂锅盖，用大火煮开后转小火煮30分钟。

❹ 揭开砂锅盖，倒入备好的红花，拌匀。

❺ 再盖上砂锅盖，续煮30分钟至食材熟透。

❻ 揭盖，加入白糖，拌匀。

❼ 关火后盛出煮好的粥，装入碗中即可。

山药乌鸡粥

◎难易度：★★★　◎功效：补血养颜

■■ 材料

水发大米145克，乌鸡块200克，山药65克，姜片、葱花各少许

■■ 调料

盐、鸡粉各2克，料酒4毫升

■■ 做法

❶ 将去皮洗净的山药
切滚刀块。

❷ 锅中注入适量清
水，大火烧开，倒入
洗净的乌鸡块。

❸ 淋入料酒，拌匀，
煮约1分钟，氽去血
水，捞出，沥干水
分，待用。

❹ 砂锅中注入适量清
水烧热，倒入氽过水
的乌鸡块。

❺ 放入洗净的大米，
再撒上姜片，轻轻搅
拌均匀。

❻ 盖上砂锅盖，烧
开后用小火煮约25分
钟，至米粒熟软。

❼ 揭开砂锅盖，再倒
入切好的山药块，搅
拌均匀。

❽ 再盖上砂锅盖，用
小火续煮约20分钟，
至食材熟透。

❾ 揭开砂锅盖，加
盐、鸡粉，拌匀调味。

❿ 关火后盛出煮好
的粥，装入碗中，撒
上葱花即可。

Tips

跟着做不会错：乌鸡块最好切得小
一些，这样更方便食用。

 **Tips**

跟着做不会错： 先在蒸盘中刷上一层油再放入食材，
这样蒸熟的食材才不会粘在盘内。

鸡肝土豆粥

●难易度：★★☆　●功效：补血养颜

■■ 材料

米碎80克，土豆80克，净鸡肝70克

■■ 调料

盐少许

■■ 做法

❶ 将去皮洗净的土豆切片，再切成小块，装入盘中，备用。

❷ 蒸锅置于火上，大火烧沸，分别放入装有土豆块和鸡肝的蒸盘。

❸ 盖上蒸锅的盖子，用中火蒸约15分钟，至蒸锅中食材熟透。

❹ 关火后揭下蒸锅的盖子，取出蒸好的食材，放在案台上，晾凉。

❺ 把晾凉后的土豆压成泥，待用。

❻ 将晾凉后鸡肝也压成泥，待用。

❼ 汤锅中注入适量清水，大火烧热。

❽ 倒入米碎，搅拌几下。

❾ 再用小火煮约4分钟，至米粒呈糊状。

❿ 倒入土豆泥，搅拌匀。

⓫ 再放入鸡肝泥，拌匀，搅散。

⓬ 续煮片刻至沸。

⓭ 调入盐，拌煮至入味。

⓮ 关火后盛出煮好的鸡肝土豆粥，放在小碗中即成。

绿豆凉薯小米粥

◎难易度：★☆☆ ◎功效：补血养颜

■■ 材料

水发绿豆100克，水发小米100克，凉薯300克

■■ 调料

盐2克

■■ 做法

❶ 洗净去皮的凉薯切厚块，再切条，改切成丁。

❷ 砂锅中注入适量清水烧开，倒入洗好的绿豆。

❸ 放入洗净的小米，搅拌匀，盖上砂锅盖，烧开后
用小火煮30分钟，至小米熟软。

❹ 揭开砂锅盖，倒入切好的凉薯丁，搅拌一会儿。

❺ 盖上砂锅盖，用小火再煮10分钟，至全部食材
熟透。

❻ 揭开砂锅盖，加入盐，用勺搅匀调味。

❼ 将煮好的小米粥盛出，装入碗中即可。

黑糖黑木耳燕麦粥

◎难易度：★☆☆　◎功效：益气补血

■■ 材料

水发黑木耳95克，燕麦90克

■■ 调料

黑糖40克

■■ 做法

❶ 砂锅注水烧热，倒入燕麦。

❷ 放入泡好的黑木耳，搅匀。

❸ 盖上砂锅盖，用大火煮开后转小火续煮30分钟
至熟软。

❹ 揭开砂锅盖，倒入黑糖。

❺ 搅匀，至完全溶化。

❻ 关火后盛出煮好的粥，装碗即可。

玉米红薯粥

◉难易度：★☆☆　◉功效：补血养颜

■■ 材料

玉米碎120克，红薯80克

■■ 做法

❶ 洗净去皮的红薯切块，再切条，改切成丁，装入盘中，备用。

❷ 砂锅中注入适量清水，大火烧开。

❸ 倒入玉米碎。

❹ 加入切好的红薯丁，搅拌匀。

❺ 盖上砂锅盖，用小火煮20分钟，至食材熟透。

❻ 揭开砂锅盖，搅拌均匀。

❼ 关火后将煮好的粥盛出，装入碗中即可。

猕猴桃薏米粥

◎难易度：★☆☆　◎功效：补血养颜

■■ **材料**

水发薏米220克，猕猴桃40克

■■ **调料**

冰糖适量

■■ **做法**

❶ 洗净的猕猴桃切去头尾，削去果皮，切开，去除硬芯，切成片，再切成碎末，备用。

❷ 砂锅注水烧开，倒入洗净的薏米，拌匀。

❸ 盖上锅盖，煮开后用小火煮1小时至薏米熟软。

❹ 揭开锅盖，倒入猕猴桃末。

❺ 加入冰糖，拌匀，煮2分钟至冰糖完全溶化。

❻ 关火后盛出煮好的粥，装入碗中即可。

胡萝卜瘦肉粥

⊙难易度：★★☆ ⊙功效：补血养颜

■■ 材料

水发大米70克，瘦肉45克，胡萝卜25
克，洋葱15克，西芹20克

■■ 调料

盐1克，鸡粉1克，胡椒粉2克，芝麻油
适量

Tips

跟着做不会错：在肉末中加少许醋，
可以达到去腥、使肉质变嫩的效果。

■■ 做法

❶ 将洗净的洋葱切片，切丁，装入盘中，备用。

❷ 将洗好的胡萝卜切片，再切细丝，改切成丁，备用。

❸ 将洗净的西芹切条形，改切成丁，装入盘中，备用。

❹ 将洗好的瘦肉切成薄片，再剁成肉末，备用。

❺ 砂锅中注入适量清水烧开，倒入洗净的大米，拌匀。

❻ 盖上砂锅盖，用大火烧开后，转小火煮约30分钟，至锅中大米熟软。

❼ 揭开砂锅盖，倒入瘦肉末，拌匀，煮至变色。

❽ 倒入切好的西芹丁、胡萝卜丁、洋葱丁，搅拌均匀，煮至断生。

❾ 加鸡粉、盐、胡椒粉，拌匀调味。

❿ 淋入芝麻油。

⓫ 拌煮片刻，至食材入味。

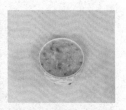

⓬ 将煮好的粥盛出，装入碗中，即可食用。

黑芝麻牛奶粥

◉难易度：★☆☆　◉功效：乌发润肤

■■ 材料

熟黑芝麻粉15克，大米500克，牛奶200毫升

■■ 调料

白糖5克

■■ 做法

1. 砂锅中注入适量清水，倒入洗净的大米。
2. 盖上砂锅盖，用大火煮开后转小火续煮30分钟至大米熟软。
3. 揭开砂锅盖，倒入牛奶，拌匀。
4. 盖上砂锅盖，用小火续煮2分钟至入味。
5. 揭开砂锅盖，倒入熟黑芝麻粉，拌匀。
6. 加入白糖，拌匀，稍煮片刻。
7. 关火后盛出煮好的粥，装在碗中即可。

黑芝麻杏仁粥

◎难易度：★☆☆　◎功效：养心乌发

■■ 材 料

水发大米100克，黑芝麻10克，杏仁12克

■■ 调 料

冰糖25克

■■ 做 法

❶ 砂锅中注入适量清水，大火烧开，倒入大米。

❷ 加入黑芝麻，放入洗净的杏仁，拌匀。

❸ 盖上砂锅盖，大火煮开之后转小火煮30分钟至食材熟软。

❹ 揭开砂锅盖，放入冰糖，拌匀，稍煮片刻。

❺ 关火后盛出煮好的粥，装入碗中即可。

❺

桑葚茯苓粥

◉难易度：★☆☆　◉功效：养心明目

■■ 材料

水发大米160克，茯苓40克，桑葚干少许

■■ 调料

白糖适量

■■ 做法

❶ 砂锅中注入适量清水烧热，倒入备好的茯苓。

❷ 撒上洗净的桑葚干，放入洗好的大米。

❸ 盖上砂锅盖，大火烧开后改小火煮约50分钟，至米粒变软。

❹ 揭开砂锅盖，加入适量白糖，搅拌匀，略煮一会儿，至糖分溶化。

❺ 关火后盛出煮好的粥，装在小碗中即可。

核桃银杏粥

◎难易度：★☆☆　◎功效：补脑乌发

■■ 材 料

核桃仁20克，银杏10克，人参5克，茯苓8克，水发大米100克

■■ 调 料

盐少许

■■ 做 法

① 砂锅中注入适量清水，大火烧开。

② 加入洗净的人参、茯苓、银杏、核桃仁。

③ 将洗净的大米放入锅中，搅拌均匀。

④ 盖上砂锅盖，用小火煮30分钟至大米熟透。

⑤ 揭开砂锅盖，加少许盐，搅拌片刻至其入味。

⑥ 关火后盛出煮好的粥，装入碗中即可。

板栗红枣小米粥

◉难易度：★☆☆ ◉功效：补血明目

■■ 材料

板栗仁100克，水发小米100克，红枣6枚

■■ 调料

冰糖20克

■■ 做法

❶ 砂锅中注入适量清水，大火烧开，倒入洗净的小米、红枣、板栗仁，拌匀。

❷ 盖上砂锅盖，小火煮30分钟至食材熟软。

❸ 揭开砂锅盖，放入冰糖。

❹ 搅拌约2分钟至冰糖溶化。

❺ 关火，将煮好的粥盛出，装入碗中即可。

松子仁玉米粥

◎难易度：★★☆　◎功效：乌发降压

■■ 材料

玉米碎100克，松子仁10克，红枣20克

■■ 调料

盐2克

■■ 做法

① 砂锅加水烧开，放洗好的红枣。

② 转中火，将玉米碎倒入锅中。

③ 用锅勺搅拌匀。

④ 盖上砂锅盖，烧开后用小火煮30分钟。

⑤ 揭开砂锅盖，放入松子仁。

⑥ 盖上砂锅盖，续煮10分钟。

⑦ 揭开砂锅盖，放入盐。

⑧ 拌匀调味。

⑨ 起锅，装入碗中即成。

跟着做不会错：玉米碎可选用袋装后罐装的甜玉米粒，口感更细嫩香甜。

Tips

鸡蛋瘦肉粥

◉难易度：★★☆　◉功效：养发明目

■■ 材料

水发大米110克，鸡蛋1个，瘦肉60克，葱花少许

■■ 调料

盐、鸡粉各2克

Tips

跟着做不会错：切好的瘦肉末用少许水淀粉拌匀上浆，煮熟后的粥味道会更嫩一些。

■■做法

❶ 将鸡蛋打入碗中，打散调匀，制成蛋液，备用。

❷ 再把洗净的瘦肉切碎，剁成肉末。

❸ 锅中注入适量清水，大火烧开。

❹ 倒入淘洗干净的大米，拌匀。

❺ 盖上锅盖，大火煮沸后，转用小火煮约30分钟，至锅中大米变软。

❻ 取下锅盖，搅动几下，再放入准备好的瘦肉末。

❼ 快速搅拌匀，煮片刻至肉末松散。

❽ 加入盐、鸡粉，拌匀调味。

❾ 再放入备好的蛋液，边倒边搅拌，使蛋液散开。

❿ 再煮一会至液面浮起蛋花。

⓫ 撒上葱花，稍煮片刻，至散发葱香味。

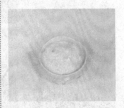

⓬ 关火后盛出煮好的瘦肉粥，放在碗中即成。

菊花核桃粥

◎难易度：★☆☆　◎功效：清热安神

■■ 材料

水发大米95克，胡萝卜75克，核桃仁20克，菊花10克，葱花少许

■■ 做法

❶ 洗净去皮的胡萝卜切片，再切条形，改切成丁，备用。

❷ 砂锅中注入适量清水，大火烧开，倒入洗净的胡萝卜丁、大米、核桃仁，拌匀。

❸ 盖上砂锅盖，大火烧开后用小火煮约30分钟，至食材熟透。

❹ 揭开砂锅盖，倒入洗净的菊花拌匀，煮出香味。

❺ 撒上葱花，拌匀，关火后盛出煮好的粥即可。

莲子百合瘦肉粥

◉ 难易度：★☆☆　　◉ 功效：养心安神

■■ 材料

水发大米100克，莲子15克，鲜百
合20克，红枣6枚，瘦肉丁50克

■■ 调料

盐3克，鸡粉2克

■■ 做法

❶ 砂锅中注入适量清水，倒入洗
净的大米、莲子，拌匀。

❷ 加盖，烧开后小火煮30分钟。

❸ 揭开砂锅盖，放入红枣拌匀。

❹ 盖上砂锅盖，小火续煮15分钟
至红枣熟软。

❺ 揭开砂锅盖，加百合、瘦肉丁，
拌匀，稍煮片刻至百合熟软。

❻ 加盐、鸡粉，拌2分钟至入味。

❼ 关火后盛出，装入碗中即可。

跟着做不会错：大米要提前浸泡半小时以上，这样入锅后更
易煮熟。

Tips

杏仁猪肺粥

◎难易度：★★☆　◎功效：安神降压

■■ 材料

猪肺150克，北杏仁10克，水发大米100克，姜片、葱花各少许

■■ 调料

盐3克，鸡粉2克，芝麻油2毫升，料酒3毫升，胡椒粉适量

Tips

跟着做不会错：猪肺内隐藏大量细菌，必须选用新鲜的猪肺，并且清洗干净后才能烹饪。

■■ 做法

❶ 将洗净的猪肺切厚片，切条，切成小块，放入清水中，加盐，抓洗干净。

❷ 锅中注水烧开，加入料酒，倒入猪肺块，煮1分30秒。

❸ 把锅中汆好的猪肺块捞出。

❹ 把猪肺块沥干水分，装入碗中待用。

❺ 砂锅中注入适量清水，大火烧开，放入洗好的北杏仁。

❻ 倒入洗好的大米，搅匀。

❼ 盖上砂锅盖，烧开后用小火煮30分钟，至大米熟软。

❽ 揭开砂锅盖，倒入猪肺块，搅匀，放入少许姜片，拌匀。

❾ 盖上砂锅盖，用小火续煮20分钟，至食材熟透。

❿ 揭开砂锅盖，放入鸡粉、盐、胡椒粉，搅匀调味。

⓫ 淋入芝麻油，搅匀，放入少许葱花，搅拌匀。

⓬ 将煮好的粥盛出，装入碗中，即可食用。

 Tips　跟着做不会错：搅拌鱼肉前要剔除鱼刺，以免儿童食用时卡到喉咙。

鱼肉菜粥

◎难易度：★★★　◎功效：补脑安神

■■ 材料

水发大米85克，草鱼肉60克，上海青50克

■■ 调料

盐少许，生抽2毫升，食用油适量

■■ 做法

1. 将洗净的上海青切碎，再剁成末。
2. 洗好的草鱼肉去皮，切薄片，再切成丁。
3. 取备好的榨汁机，选绞肉刀座组合，倒入鱼丁，拧紧盖子。
4. 通电后选择"绞肉"功能。
5. 绞至鱼肉变成细末。
6. 断电后取出绞好的鱼肉，即成鱼肉泥，装入干净的碗中，待用。
7. 用油起锅，倒入鱼肉泥，翻炒至鱼肉松散。
8. 再淋入生抽，炒香炒透。
9. 调入盐，翻炒至入味。
10. 关火后盛出炒制好的鱼肉泥，放在小碗中，待用。
11. 汤锅中注入适量清水烧开，放入洗净的大米。
12. 盖上汤锅盖子，用大火煮沸后转小火煮约30分钟至米粒熟软。
13. 取下汤锅盖子，倒入炒熟的鱼肉泥，搅拌匀。
14. 再放入切好的上海青末。
15. 搅拌几下，续煮片刻至全部食材熟透。
16. 关火后盛出煮好的鱼肉粥，放在碗中即成。

117

苹果牛奶粥

◎难易度：★★☆ ◎功效：养心安神

■■材料

水发大米150克，黄瓜70克，苹果50克，胡萝卜30克，牛奶400毫升

Tips

跟着做不会错：牛奶不宜加热过久，以免破坏其营养。

■■ 做法

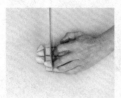

❶ 将洗净的黄瓜切成条形，去瓤，切成小块，备用。

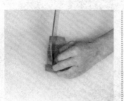

❷ 将洗好的胡萝卜去皮，切成片，再切条形，改切成小块。

❸ 将洗净去皮的苹果切小瓣，去核，将果肉切成小块，备用。

❹ 砂锅注入适量清水，用大火烧热，倒入苹果块。

❺ 煮至锅中的水沸，再倒入洗好的大米，搅拌匀。

等到锅中的水煮开后再倒入大米，是为了先让苹果肉的香味散开，好让接着下锅熬煮的大米的米香味与果肉香味更好地融合。

❻ 盖上砂锅盖，大火烧开后用小火煮约15分钟。

❼ 揭开砂锅盖，倒入胡萝卜块，拌匀。

❽ 盖上砂锅盖，用中火续煮约20分钟至食材熟软。

❾ 揭开砂锅盖，倒入黄瓜块，略煮一会儿。

❿ 倒入牛奶，搅拌均匀，再转大火，略煮片刻。

⓫ 关火后盛出煮好的粥，装入碗中，即可食用。

莲子葡萄干粥

◉难易度：★☆☆ ◉功效：安神助眠

■■ 材 料

莲子30克，葡萄干10克，大米130克，山药丁30克

■■ 做 法

❶ 砂锅中注入适量清水，用大火烧热，倒入洗好的大米、莲子。

❷ 盖上砂锅盖，用大火煮开后转小火续煮40分钟至食材熟软。

❸ 揭开砂锅盖，倒入葡萄干，再放入洗净的山药丁，拌匀。

❹ 用小火续煮10分钟至食材熟透。

❺ 关火后盛出煮好的粥，装入碗中，撒上剩余葡萄干，即可食用。

120

Part 4

防病去病养生粥

几乎人人讨厌生病，更厌烦偶尔需求医吃药治病，不想喝那碗浓稠刺鼻的苦口良药，加上病时胃口不适。这时，喝粥就成了首选。

本章主要介绍适用于感冒、失眠、高血压等病症的多款家常养生粥品，暖暖一碗，滋补心田。

薏米莲子红豆粥

◉难易度：★☆☆　◉功效：清心降火

■■ 材料

水发大米100克，水发薏米90克，水发莲子70克，水发红豆70克

■■ 做法

❶ 砂锅中注入适量清水，大火烧开。

❷ 倒入淘洗干净的大米、薏米、红豆，放入洗净的莲子，搅拌均匀。

❸ 盖上砂锅盖，大火烧开后用小火煮30分钟，至食材软烂。

❹ 揭开砂锅盖，用勺搅动片刻。

❺ 关火后将煮好的粥盛出，装入碗中即可。

薄荷糙米粥

◉ 难易度：★☆☆

◉ 功效：益气补血

■■ 材料

水发糙米150克，枸杞15克，鲜薄荷叶少许

■■ 调料

冰糖25克

■■ 做法

❶ 砂锅中注入适量清水烧热。

❷ 倒入洗净的糙米，搅散。

❸ 盖上砂锅盖，烧开后转小火煮约40分钟，至食材熟软。

❹ 揭开砂锅盖，倒入洗净的薄荷叶，搅匀，略煮一会儿。

❺ 加洗净的枸杞，中火煮2分钟。

❻ 加冰糖拌匀，大火煮至溶化。

❼ 关火后盛出煮好的糙米粥，装入碗中即可。

跟着做不会错：煮糙米的时候最好搅拌几次，这样能防止其粘锅。

Tips

123

香菜冬瓜粥

◉难易度：★☆☆ ◉功效：清热解毒

■■ 材料

水发大米100克，冬瓜160克，香菜25克

■■ 做法

❶ 洗净去皮的冬瓜切薄片，再切条形，改切成丁。

❷ 洗好的香菜切段，先将梗切碎成末，再将叶切成段，备用。

❸ 砂锅中注入适量清水，大火烧热，倒入洗净的大米、冬瓜丁、香菜末，拌匀。

❹ 盖上砂锅盖，烧开后用小火煮约30分钟至大米熟软。

❺ 揭开砂锅盖，撒上香菜叶。

❻ 搅拌匀，略煮片刻。

❼ 关火后盛出煮好的冬瓜粥即可。

胡萝卜粳米粥

●难易度：★☆☆　●功效：醒目提神

■■ **材料**

水发粳米100克，胡萝卜80克，葱花少许

■■ **调料**

盐、鸡粉各2克

■■ **做法**

❶ 将去皮洗净的胡萝卜切丁，备用。

❷ 砂锅中注入适量清水烧开，倒入胡萝卜丁。

❸ 放入洗净的粳米，搅拌匀，使米粒散开。

❹ 盖上砂锅盖，烧开后用小火煮约35分钟，至食材熟透。

❺ 揭开砂锅盖，加鸡粉、盐，拌匀调味，再撒上葱花，关火后盛出粳米粥，装在碗中即成。

贝母糙米粥

⊙难易度：★☆☆ ⊙功效：润肺止咳

■■ 材料

贝母粉5克，糙米150克

■■ 做法

❶ 砂锅中注入适量清水，用大火烧开。

❷ 倒入洗净的糙米，搅匀。

❸ 盖上砂锅盖，大火烧开后转小火煮90分钟至锅中米熟软。

❹ 揭开砂锅盖，放入备好的贝母粉。

❺ 将砂锅中食材搅拌均匀，关火后将煮好的粥盛出，装入碗中即可。

南瓜麦片粥

◉难易度：★★☆　◉功效：增强免疫力

■■ 材料

南瓜肉150克，燕麦片80克

■■ 调料

白糖少许

■■ 做法

❶ 将洗净的南瓜肉切开，改切片，备用。

❷ 砂锅中注入适量清水烧开，倒入南瓜片，拌匀。

❸ 煮约6分钟，边煮边碾压，至南瓜肉呈泥状。

❹ 再倒入燕麦片，搅拌均匀。

❺ 用中火煮约3分钟至食材熟透。

❻ 加白糖拌匀，煮至糖分溶化。

❼ 关火后盛出煮好的麦片粥，装在碗中即可。

跟着做不会错：南瓜肉最好切薄一些，这样更容易碾成泥。

 Tips

127

芝麻杏仁粥

◉难易度：★☆☆　◉功效：滋阴润燥

■■ 材料

水发大米120克，黑芝麻6克，杏仁12克

■■ 调料

冰糖25克

■■ 做法

① 锅中注入适量清水，用大火烧热。

② 放入洗净的杏仁，倒入泡好的大米，搅拌匀。

③ 加洗净的黑芝麻，轻轻搅拌几下，使食材散开。

④ 盖上盖子，用大火煮沸，再转小火煮约30分钟至米粒变软。

⑤ 取下盖子，放入备好的冰糖，轻轻搅拌匀。

⑥ 再用中火续煮一会，至糖分完全溶化。

⑦ 关火后盛出煮好的粥，装在碗中即成。

沙参薏米粥

⊙难易度：★☆☆　⊙功效：润肺止咳

■■ **材料**

水发大米150克，水发薏米85克，沙参20克，莱菔子10克

■■ **调料**

盐少许

■■ **做法**

❶ 砂锅中加水烧开，放入洗净的沙参、莱菔子。

❷ 盖上砂锅盖，煮沸后转小火煮约20分钟。

❸ 揭开砂锅盖，捞出药材以及杂质，再倒入洗净的薏米。

❹ 放入洗好的大米，快速拌匀。

❺ 盖上砂锅盖，烧开后用小火续煮约40分钟。

❻ 取下砂锅盖子，加盐，转中火略煮至米粥入味。

❼ 关火后盛出煮好的粥，装入汤碗中即成。

山药枸杞薏米粥

◉难易度：★☆☆　◉功效：润喉补肝

■■ 材料

水发大米80克，水发薏米70克，山药50克，枸杞少许

■■ 调料

冰糖适量

■■ 做法

① 洗净去皮的山药用斜刀切段，改切片，备用。

② 砂锅中注入适量清水，大火烧开，倒入洗净的枸杞、薏米、大米。

③ 盖上砂锅盖，烧开后用小火煮约20分钟。

④ 揭开砂锅盖，倒入山药片，拌匀。

⑤ 再盖上盖，用中小火续煮约10分钟至食材熟透。

⑥ 揭开盖，放入冰糖，拌匀，煮至溶化。

⑦ 关火后盛出煮好的粥即可。

百合猪心粥

◎难易度：★★☆ ◎功效：养心润肺

■■ 材料

水发大米170克，猪心160克，鲜
百合50克，姜丝、葱花各少许

■■ 调料

盐3克，鸡粉、胡椒粉各2克，料
酒、生粉、芝麻油、食用油各适量

■■ 做法

❶ 洗净的猪心切片。

❷ 猪心装碗，加姜丝、盐、鸡粉。

❸ 加料酒、胡椒粉、生粉，拌匀。

❹ 注入食用油，腌渍10分钟。

❺ 砂锅加水烧开，倒洗净的大米。

❻ 加盖，煮沸后小火煲煮30分钟。

❼ 揭盖，倒入百合、猪心片，煮熟。

❽ 加盐、鸡粉、芝麻油调味，再
转中火续煮片刻，至粥入味。

❾ 关火后盛出装碗，撒葱花即成。

跟着做不会错：猪心腥味较重，腌渍时料酒可适当多加点。

Tips 🥢

131

香蕉粥

◉难易度：★☆☆　　◉功效：润肠排毒

■■ 材料

去皮香蕉250克，水发大米400克

■■ 做法

① 洗净的香蕉去皮，切丁。

② 砂锅中注入适量清水，大火烧开，倒入淘洗干净的大米，拌匀。

③ 盖上砂锅盖，大火煮20分钟至熟。

④ 揭开砂锅盖，放入香蕉丁。

⑤ 盖上砂锅盖，续煮2分钟至食材熟软。

⑥ 揭开砂锅盖，搅拌均匀。

⑦ 关火，将煮好的粥盛出，装入碗中即可。

香蕉燕麦粥

◎难易度：★☆☆　◎功效：清热解毒

■■ 材 料

水发燕麦160克，香蕉120克，枸杞少许

■■ 做 法

❶ 将洗净的香蕉剥去果皮，把果肉切成片，再切条形，改切成丁，备用。

❷ 砂锅中注入适量清水，大火烧热。

❸ 倒入备好的燕麦。

❹ 盖上砂锅盖，大火烧开后用小火煮30分钟至燕麦熟透。

❺ 揭开砂锅盖，倒入香蕉丁，放入洗净的枸杞，搅拌匀，用中火煮5分钟，关火后盛出煮好的燕麦粥即可。

玉米燕麦粥

◉难易度：★☆☆　◉功效：润肠通便

■■ 材料

玉米粉100克，燕麦片80克

■■ 做法

❶ 取一碗，倒入玉米粉，注入适量清水，搅拌均匀，制成玉米糊。

❷ 砂锅中注入适量清水，大火烧开，倒入备好的燕麦片。

❸ 盖上砂锅盖，大火煮3分钟至熟。

❹ 揭开砂锅盖，加入玉米糊，拌匀。

❺ 稍煮片刻至食材熟软，关火后将煮好的粥盛出，装入碗中即可。

苦瓜胡萝卜粥

◎难易度：★☆☆ ◎功效：清热解毒

■■ 材料

水发大米140克，苦瓜45克，胡萝卜60克

■■ 做法

① 洗净去皮的胡萝卜切片，再切条，改切成丁。

② 洗好的苦瓜切开，去瓜瓤，再切条形，改切成丁，备用。

③ 砂锅中注入适量清水，大火烧开。

④ 倒入洗净的大米，再放入苦瓜丁、胡萝卜丁，搅拌均匀。

⑤ 盖上砂锅盖，烧开后用小火煮约40分钟至食材熟软。

⑥ 揭开砂锅盖，搅拌一会儿。

⑦ 关火后盛出煮好的即可。

豆腐菠菜玉米粥

◎难易度：★★☆　◎功效：清热解毒

■■ 材料

豆腐150克，菠菜100克，玉米碎80克

■■ 调料

盐1克，芝麻油适量

跟着做不会错：玉米碎下锅后，需不断搅拌，以免煳锅。

❶ 将洗净的菠菜切小段，备用。

❷ 将洗好的豆腐切片，再切条形，改切成小块，备用。

❸ 锅中注入适量清水，用大火烧开，倒入切好的豆腐块，拌匀，略煮一会儿，去除豆腥味。

❹ 捞出焯煮好的豆腐块，沥干水分，装入盘中，待用。

❺ 沸水锅中放入菠菜段，拌匀，煮约半分钟，至其变软。

❻ 捞出焯煮好的菠菜段，沥干水分，装入盘中，待用。

❼ 砂锅中注入适量清水，大火烧开，倒入洗好的玉米碎，搅拌均匀。

❽ 盖上砂锅盖，大火烧开后转小火煮约20分钟至其熟软。

❾ 揭开砂锅盖，倒入焯过水的豆腐块、菠菜段，拌匀。

❿ 加盐，拌匀调味，略煮片刻。

⓫ 淋入适量芝麻油。

⓬ 拌煮片刻，至食材入味，关火后盛出煮好的玉米粥即可。

山药薏米芡实粥

◉难易度：★★☆ ◉功效：清热补虚

■■ 材料

水发大米160克，水发薏米120克，水发芡实80克，山药100克

■■ 做法

❶ 洗净去皮的山药切成条状，改切成小丁，备用。

❷ 砂锅中注入适量清水，用大火烧开，倒入洗净的芡实、薏米。

❸ 搅拌片刻，盖上砂锅盖，用中火煮约10分钟至其变软。

❹ 揭开砂锅盖，倒入山药丁、大米，搅拌一会儿。

❺ 再盖上砂锅盖，用小火续煮约30分钟，至山药丁、大米熟软。

❻ 揭开砂锅盖，持续搅拌片刻。

❼ 将煮好的粥盛出，装入碗中即可食用。

百合糙米粥

◎难易度：★☆☆　◎功效：滋阴补虚

■■ 材料
糙米150克，贝母5克，麦冬5克，干百合5克

■■ 调料
白糖适量

■■ 做法
❶ 砂锅中注入适量清水，用大火烧开。

❷ 倒入洗净的贝母、麦冬、干百合、糙米，搅匀。

❸ 盖上砂锅盖，烧开后转小火煮约90分钟至食材
熟软。

❹ 揭开砂锅盖，加入白糖。

❺ 持续搅拌片刻，至食材入味，关火后将煮好的
粥盛出，装入碗中即可。

花椒瘦肉粥

◎难易度：★☆☆　◎功效：保护肠胃

■■ 材料

大米500克，芹菜丁30克，花椒15克，肉末40克

■■ 调料

盐、鸡粉各1克

■■ 做法

❶ 砂锅中注入适量清水，倒入洗净的大米。

❷ 盖上砂锅盖，用大火煮开后转小火煮30分钟至大米熟软。

❸ 揭开砂锅盖，倒入肉末，拌匀。

❹ 续煮10分钟至食材熟透。

❺ 加入芹菜丁、花椒。

❻ 放入盐、鸡粉，拌匀，再煮5分钟至入味。

❼ 搅拌一下，关火后盛出煮好的粥，装碗即可。

白果莲子乌鸡粥

◎难易度：★★☆
◎功效：键脾止泻

■■ 材料

水发糯米120克，白果25克，水发莲子50克，净乌鸡块200克

■■ 调料

盐、鸡粉各2克，料酒5毫升

■■ 做法

❶ 乌鸡块装盘，加盐、鸡粉、料酒。

❷ 拌匀，腌渍约10分钟至入味。

❸ 砂锅中注入适量清水烧开，倒入洗好的白果、莲子。

❹ 放入洗净的糯米，拌匀。

❺ 加盖，烧开后小火煮30分钟。

❻ 揭开盖，倒入乌鸡块，拌匀。

❼ 加盖，中小火煮15分钟至熟。

❽ 揭开盖，加盐、鸡粉。

❾ 拌匀，煮至食材入味，关火后盛出煮好的粥，装碗即可。

跟着做不会错：煮粥中途可揭盖搅拌几次，以免糊锅。

Tips

白扁豆粥

◉难易度：★☆☆　◉功效：增强免疫力

■■ 材 料

白扁豆100克，粳米100克

■■ 调 料

冰糖20克

■■ 做 法

❶ 砂锅中注水烧开，倒入洗好的粳米。

❷ 加入泡好的白扁豆，拌匀。

❸ 盖上砂锅盖，用大火煮开后转小火续煮1小时至食材熟软。

❹ 揭开砂锅盖，加入冰糖。

❺ 搅拌至冰糖溶化，关火后盛出煮好的粥，装入碗中即可。

苹果稀粥

◎ 难易度：★☆☆ ◎ 功效：健脾止泻

■■ 材料

水发米碎65克，苹果80克

■■ 做法

❶ 洗净去皮的苹果去核，切丁。

❷ 取榨汁机，选择搅拌刀座组合，倒入切好的苹果丁。

❸ 注入少许温开水，盖好盖。

❹ 选择"榨汁"功能，榨果汁。

❺ 断电后倒出苹果汁，滤入碗中，待用。

❻ 锅中注入适量清水，烧开，倒入备好的米碎，拌匀。

❼ 盖上锅盖，烧开后用小火煮30分钟至熟。

❽ 揭开锅盖，倒苹果汁，拌匀。

❾ 再盖上锅盖，用大火煮2分钟，至其沸，关火后盛出即可。

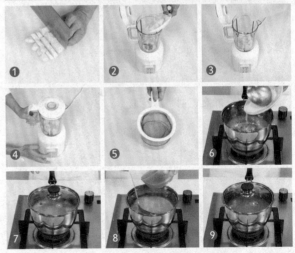

跟着做不会错：煮粥时需经常搅拌，以免煳锅。

Tips 🍚

芹菜玉米粥

◉难易度：★☆☆　◉功效：降低血压

■■ 材料

水发大米100克，玉米粒100克，芹菜60克，姜丝、葱花各少许

■■ 调料

盐2克，鸡粉2克，胡椒粉少许

■■ 做法

① 洗净的芹菜切成丁，备用。

② 砂锅中注入适量清水烧开，倒入洗净的大米，盖上盖，用小火煮30分钟。

③ 揭盖，放入姜丝、玉米粒，拌匀，煮约5分钟。

④ 加入盐、鸡粉，拌匀调味。

⑤ 放入芹菜丁，拌匀，煮约1分钟

⑥ 撒入胡椒粉，放入葱花，拌匀。

⑦ 关火盛出煮好的粥，装入碗中即可。

144

菠菜山楂粥

◉难易度：★☆☆　◉功效：补血降压

■材料

菠菜120克，山楂片12克，水发大米180克

■调料

盐2克，鸡粉2克，芝麻油3毫升，食用油适量

■做法

❶ 洗净的菠菜切成段。

❷ 把切好的菠菜装盘，待用。

❸ 砂锅中加水烧开，倒入大米。

❹ 放入洗净的山楂片，拌匀。

❺ 加盖，小火煮30分钟至米熟。

❻ 揭盖，稍拌，倒入食用油。

❼ 倒入洗净的菠菜段，搅拌匀。

❽ 放入盐、鸡粉，拌匀。

❾ 淋芝麻油，盛出，装碗即可。

跟着做不会错：山楂片不宜放太多，以免其酸甜味掩盖了菠菜的鲜味。

Tips 🥣

丹参山楂大米粥

◉难易度：★☆☆　◉功效：降低血压

■■ 材料

山楂干10克，丹参10克，大米250克

■■ 调料

冰糖少许

■■ 做法

❶ 砂锅中注入适量清水，倒入山楂干、丹参。

❷ 盖上砂锅盖，煮15分钟至药材析出有效成分。

❸ 揭开砂锅盖，倒入洗好的大米，拌匀。

❹ 盖上砂锅盖，用大火煮开后转小火煮1小时至食材熟软。

❺ 揭开砂锅盖，加入冰糖，拌匀，煮至溶化，关火后盛出煮好的粥，装入碗中即可。

小米山药粥

◉难易度：★☆☆　◉功效：养心降压

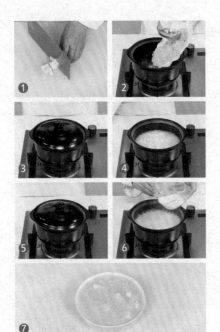

■■ 材料
水发小米230克，山药110克

■■ 调料
白糖15克

■■ 做法
❶ 将洗净去皮的山药切成条，再切成丁，备用。

❷ 砂锅中注入适量清水，大火烧开，倒入洗净的小米，拌匀。

❸ 盖上砂锅盖，煮开后转小火煮40分钟至米熟。

❹ 揭开砂锅盖，倒入切好的山药丁，拌匀。

❺ 盖上砂锅盖，煮开后用小火煮20分钟至熟。

❻ 揭开上砂锅盖，加入白糖，拌匀。

❼ 关火后盛出煮好的粥即可。

桃仁红米粥

◉难易度：★☆☆　◉功效：益气补血

■■材料

水发大米、水发红米各100克，枸杞8克，桃仁10克

■■调料

红糖10克

■■做法

❶ 砂锅中注入适量清水，倒入洗净的桃仁、大米、红米。

❷ 盖上砂锅盖，用大火煮开后转小火续煮40分钟至食材熟软。

❸ 揭开砂锅盖，倒入洗好的枸杞，拌匀。

❹ 用小火再煮5分钟至枸杞熟软。

❺ 放入红糖，拌煮至溶化，关火后盛出装碗即可。

当归黄芪红花粥

◎难易度：★★☆ ◎功效：增强免疫力

■■ 材料

水发大米170克，黄芪、当归各15克，红花、川芎各5克

■■ 调料

盐、鸡粉各2克，鸡汁少许

■■ 做法

❶ 砂锅中加水烧开，放入洗净的黄芪、当归、红花、川芎。

❷ 倒入鸡汁拌匀，用大火煮沸。

❸ 盖上盖，转小火煮约20分钟。

❹ 揭盖，捞出药材及杂质，倒入洗净的大米，搅拌匀。

❺ 加盖，烧开后小火煮30分钟。

❻ 揭盖，加盐、鸡粉调味。

❼ 转中火，拌至粥入味。

❽ 关火后盛出，装入碗中即成。

跟着做不会错：捞出药材后，最好等药汤沸腾后再倒入大米，这样米粒的外形更饱满。

Tips

黑米党参山楂粥

●难易度：★☆☆ ●功效：调血降脂

■■ 材料
山楂80克，水发黑米150克，党参10克

■ 做法

1. 洗净的山楂切开，去核，再切成小块，备用。
2. 砂锅中注入适量清水，大火烧开，放入洗净的党参、山楂。
3. 再倒入洗好的黑米，搅拌均匀。
4. 盖上砂锅盖，大火烧开后用小火煮约30分钟，至食材熟透。
5. 揭开砂锅盖，持续搅拌一会儿，关火后盛出煮好的粥，装入碗中即可。

香菇芹菜小米粥

◉ 难易度：★★☆

◉ 功效：降低血脂

■■ 材料

水发小米100克，芹菜梗70克，鲜香菇40克

■■ 调料

盐、食用油各适量

■■ 做法

❶ 将洗净的芹菜梗切丁。

❷ 洗好的香菇去蒂，切丁。

❸ 砂锅中注入适量清水烧开。

❹ 倒入洗净的小米，拌匀。

❺ 盖上盖，煮沸后用小火煮约30分钟，至小米变软。

❻ 揭盖，倒入香菇丁，拌匀。

❼ 再盖上盖，小火煮10分钟。

❽ 揭盖，放入芹菜丁，拌匀。

❾ 加食用油、盐，煮入味即可。

跟着做不会错：泡发小米的时间不宜太长，至其微微涨大即可，以免煮成细末，影响口感。

Tips

绿豆荞麦燕麦粥

◎难易度：★☆☆　◎功效：清热消脂

■■ **材料**

水发绿豆80克，水发荞麦100克，燕麦片50克

■■ **做法**

1. 砂锅中注入适量清水，大火烧热，倒入洗好的荞麦、绿豆，拌匀。
2. 盖上砂锅盖，大火烧开后用小火煮约30分钟。
3. 揭开砂锅盖，搅拌几下，放入燕麦片，拌匀。
4. 再盖上砂锅盖，用小火续煮约5分钟，至全部食材熟透。
5. 揭开砂锅盖，搅拌均匀，关火后盛出煮好的粥，装入碗中即可。

鸡蛋西红柿粥

◎难易度：★★☆ ◎功效：养血消脂

■■ 材 料

水发大米110克，鸡蛋50克，西红柿65克

■■ 调 料

盐少许

■■ 做 法

❶ 洗好的西红柿成丁，备用。

❷ 鸡蛋打散，调匀成蛋液。

❸ 砂锅中注入适量清水烧开，倒入洗好的大米，搅散。

❹ 加盖，烧开后小火煮30分钟。

❺ 揭盖，倒入西红柿丁拌匀。

❻ 盖上盖，转中火煮约1分钟。

❼ 揭盖，转大火，加盐调味。

❽ 倒蛋液拌匀，煮至蛋花浮现。

❾ 关火后盛出，装入碗中即可。

跟着做不会错：倒入蛋液时要边倒边搅拌，这样打出的蛋花才好看。

Tips

桃仁苦瓜粥

◉难易度：★☆☆　◉功效：调节血糖

■■ 材料

水发大米 120 克，苦瓜160克，桃仁少许

■■ 做法

❶ 洗净的苦瓜切开，去瓤，把果肉切条，再切成小丁，备用。

❷ 砂锅中注入适量清水烧开，倒入洗净的桃仁、大米、苦瓜丁，拌匀。

❸ 盖上砂锅盖，大火烧开后用小火煮约40分钟至食材熟透。

❹ 揭开砂锅盖，搅拌均匀。

❺ 关火后盛出煮好的粥即可。

干贝苦瓜粥

◉ 难易度：★★☆　◉ 功效：清热降糖

■■ 材料

水发大米120克，苦瓜100克，干贝35克，姜片少许

■■ 调料

盐2克，芝麻油少许

■■ 做法

❶ 将洗净的苦瓜去除瓜瓤。

❷ 再切成片，装入碗中，待用。

❸ 砂锅加水烧开，倒洗净的干贝。

❹ 再放入洗好的大米，拌匀。

❺ 撒入姜片，略拌至米粒散开。

❻ 加盖，煮沸后小火煮30分钟。

❼ 揭盖，倒入苦瓜片拌匀。

❽ 再盖好盖，小火煮约5分钟。

❾ 揭盖，加盐、芝麻油，煮至入味，关火后盛出，装碗即成。

跟着做不会错：放入苦瓜片后要搅拌一会儿，使其浸入米粒中，这样可以缩短烹饪的时间。

Tips

火腿玉米粥

◉难易度：★★☆　◉功效：清热降糖

■■ **材料**

水发大米100克，鲜玉米粒90克，火腿肠
60克，香菜25克，西芹30克

■■ **调料**

盐1克，鸡粉1克，芝麻油适量

■■ **做法**

❶ 将洗净的西芹切细丝，改切成丁，装入盘中，备用。

❷ 将洗好的香菜切成末，装入盘中。

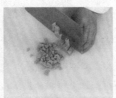

❸ 火腿肠去除包装，切条形，再切成小丁，备用。

❹ 砂锅中加适量清水烧开，倒入洗净的大米，拌匀，再放入洗净的玉米粒，拌匀。

❺ 盖上砂锅盖，大火烧开后转用小火，熬煮约30分钟，至大米熟软。

❻ 揭开砂锅盖，放入切好的火腿肠丁、西芹丁，拌匀。

❼ 加入盐、鸡粉，拌匀调味。

❽ 撒上香菜末，搅拌均匀。

❾ 淋入芝麻油，拌煮片刻，至粥浓稠，关火后盛出煮好的粥，装碗即可。

Tips

跟着做不会错：用刀把火腿肠切成两段，再在包装上划一刀，就可以轻松地去除包装。

板栗桂圆粥

◉难易度：★☆☆　◉功效：降低血糖

■■ 材 料

板栗肉50克，桂圆肉15克，大米250克

■■ 做 法

1. 砂锅中注入适量清水，用大火烧热。
2. 倒入洗净的板栗、大米、桂圆肉，搅匀。
3. 盖上砂锅盖，大火煮开后转小火煮40分钟，至食材熟透。
4. 揭开砂锅盖，搅拌均匀。
5. 关火后将煮好的粥盛入碗中即可。

陈皮瘦肉粥

◎难易度：★★☆　◎功效：益气补血

■■ 材料

水发大米200克，水发陈皮丝5克，
瘦肉20克，姜丝、葱花各少许

■■ 调料

盐2克，鸡粉3克

■■ 做法

❶ 洗净的瘦肉切成碎末，备用。

❷ 砂锅中注入适量清水烧开，倒
入洗净的大米。

❸ 加盖，煮开后转小火煮10分钟。

❹ 揭盖，加备好的陈皮丝拌匀。

❺ 盖上盖，续煮30分钟至熟软。

❻ 揭盖，加入瘦肉末，拌匀。

❼ 倒入姜丝，搅拌匀。

❽ 加盖，续煮15分钟至食材熟透。

❾ 揭盖，撒葱花，加盐、鸡粉，
关火后盛出，装入碗中即可。

跟着做不会错：大米需提前浸泡，这样煮成的粥口感更好。

Tips

159

Tips 跟着做不会错：将刀放入水中泡一会儿再切洋葱，可避免其刺激眼睛。

小白菜洋葱牛肉粥

◎难易度：★☆☆ ◎功效：安神助眠

■■ 材 料

小白菜55克，洋葱60克，牛肉45克，水发大米85克，姜片少许

■■ 调 料

盐2克，鸡粉2克，料酒少许

■■ 做 法

❶ 洗好的小白菜切段。

❷ 洗净的洋葱切开，再切成小块。

❸ 处理干净的牛肉切片，再切条，改切成丁，用刀轻轻剁几下。

❹ 锅中注入适量清水，用大火烧开，倒入已经处理干净的牛肉丁。

❺ 搅拌匀，淋入少许料酒，搅拌匀，煮至变色。

❻ 将余煮好的牛肉丁捞出，沥干水分，待用。

❼ 砂锅中注入适量清水，大火烧开，倒入准备好的牛肉丁，倒入洗净的大米。

❽ 再撒上姜片，搅拌片刻。

❾ 盖上砂锅盖，大火烧开后用小火煮约20分钟。

❿ 揭开砂锅盖，倒入备好的洋葱块。

⓫ 盖上砂锅盖，再续煮片刻，煮出香味。

⓬ 揭开砂锅盖，倒入处理干净的小白菜，搅拌均匀。

⓭ 加入盐、鸡粉，搅匀调味。

⓮ 将煮好的粥盛出，装入碗中即可。

鸡蛋木耳粥

◎难易度：★★☆　◎功效：清热消炎

■■ 材料

蛋液40克，大米200克，水发木耳10克，
菠菜15克

■■ 调料

盐2克，鸡粉2克

162

❶ 锅中注入适量清水，用大火烧开。

❷ 倒入清洗干净的菠菜，略煮片刻，至菜叶变软。

❸ 将焯煮好的菠菜捞出，沥干水分，放凉待用。

❹ 把晾凉的菠菜切成均匀的小段。

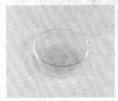

❺ 蛋液倒入碗中，搅散、调匀，备用。

❻ 砂锅中注入适量清水，用大火烧开。

❼ 倒入洗净的大米，搅匀。

❽ 盖上砂锅盖，大火烧开后，转小火煮40分钟。

❾ 揭开砂锅盖，倒入洗好、切碎的木耳，续煮一会儿。

❿ 加入盐、鸡粉，搅匀调味。

⓫ 放入菠菜段，倒入蛋液，搅拌均匀。

⓬ 关火后将煮好的粥盛出，装入碗中，即可食用。

小米鸡蛋粥

◎难易度：★☆☆　◎功效：消炎润燥

■■ 材 料

小米300克，鸡蛋40克

■■ 调 料

盐、食用油适量

■■ 做 法

❶ 砂锅中注入适量的清水，大火烧热，倒入洗净的小米，搅拌片刻。

❷ 盖上砂锅盖，烧开后转小火煮20分钟至熟软。

❸ 掀开砂锅盖，加入盐、食用油，搅匀调味。

❹ 打入鸡蛋，小火煮2分钟。

❺ 关火，将煮好的粥盛出装入碗中。

糙米绿豆红薯粥

◎难易度：★★☆ ◎功效：清热利水

■■ 材料

水发糙米200克，水发绿豆35克，红薯170克，枸杞少许

■■ 做法

① 洗净去皮的红薯切小块。

② 砂锅中注入适量清水烧开，倒入洗好的糙米，拌匀。

③ 放入洗净的绿豆，搅拌均匀。

④ 盖上砂锅盖，烧开后用小火煮约60分钟。

⑤ 揭开砂锅盖，倒入红薯块。

⑥ 撒上洗净的枸杞，搅拌均匀。

⑦ 再盖上砂锅盖，用小火续煮15分钟至食材熟透。

⑧ 揭盖，搅拌片刻。

⑨ 关火后盛出煮好的粥，装入碗中即可。

跟着做不会错：可以加适量白糖做成甜粥，口感也很好。

Tips

165

绿豆糯米奶粥

◉难易度：★☆☆ ◉功效：清热解毒

■■ 材料

水发糯米230克，绿豆80克，香菜叶少许

■■ 调料

盐2克

■■ 做法

❶ 砂锅中注入适量清水，倒入淘洗干净的绿豆、糯米，拌匀。

❷ 盖上砂锅盖，大火煮开后转小火煮30分钟至食材熟软。

❸ 揭开砂锅盖，加入盐，拌匀。

❹ 放入香菜叶，拌匀。

❺ 关火后盛出煮好的粥装入碗中即可。

黑芝麻核桃粥

⊙难易度：★☆☆　⊙功效：滋阴润燥

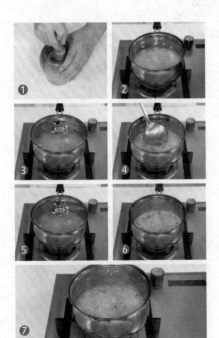

■■ 材料
黑芝麻15克，核桃仁30克，糙米120克

■■ 调料
白糖6克

■■ 做法
❶ 将核桃仁倒入木臼，压碎，倒入碗中，待用。
❷ 汤锅中注入适量清水，用大火烧热，倒入洗净的糙米，拌匀。
❸ 盖上砂锅盖，烧开后用小火煮30分钟至米熟。
❹ 倒入备好的核桃仁，拌匀。
❺ 盖上锅盖，用小火煮10分钟至食材熟烂。
❻ 揭开锅盖，倒入黑芝麻，搅拌匀。
❼ 加入白糖，拌匀，煮至白糖溶化，将粥盛出，装入碗中即可。

桂圆糙米舒眠粥

◉难易度：★☆☆　◉功效：安神助眠

■■材料

桂圆肉30克，水发糙米160克

■■做法

❶ 砂锅中注入适量清水，大火烧开。

❷ 倒入洗好的糙米、桂圆肉，用勺子搅拌均匀。

❸ 盖上砂锅盖，用小火熬煮约30分钟，至锅中食材熟透。

❹ 揭开砂锅盖，用勺子搅拌均匀，略煮片刻，至粥浓稠。

❺ 关火后盛出煮好的粥，装入碗中即可。

红糖小米粥

◎难易度：★☆☆　◎功效：益气补血

材料
小米400克，红枣8克，花生10克，瓜子仁15克

调料
红糖15克

做法

① 砂锅中注入适量清水烧开。

② 倒入洗净的小米、花生、瓜子仁，拌匀。

③ 盖上锅盖，大火煮开后转小火煮20分钟。

④ 掀开砂锅盖，倒入红枣搅匀。

⑤ 盖上砂锅盖，续煮5分钟。

⑥ 掀开砂锅盖，加入红糖。

⑦ 持续搅拌片刻，将煮好的粥盛出装入碗中即可。

跟着做不会错：小米可以先浸泡几个小时，煮出来的粥口感会更好。

芝麻核桃薏米粥

◉难易度：★☆☆　◉功效：益气补血

■■ 材料

水发大米110克，白芝麻15克，核桃仁30克，水发薏米40克

■■ 做法

❶ 洗净的核桃仁切成碎丁，备用。

❷ 砂锅中注入适量清水，用大火烧开，倒入洗好的大米。

❸ 再加入洗净的核桃仁丁、薏米，放入白芝麻，搅拌匀。

❹ 盖上砂锅盖，用中火煮约35分钟至食材熟软。

❺ 揭开砂锅盖，持续搅拌一会儿，将煮好的粥盛出，装入碗中即可食用。

芡实花生红枣粥

◉难易度：★☆☆　◉功效：补钙助眠

■■ 材料

水发大米150克，水发芡实85克，水发花生米65
克，红枣15克

■■ 调料

红糖25克

■■ 做法

❶ 洗净的红枣切开，去核，备用。

❷ 砂锅中注入清水烧开，倒入洗净的芡实。

❸ 再加入红枣、花生米，搅拌片刻。

❹ 盖上砂锅盖，用中火煮约15分钟至其变软。

❺ 揭开砂锅盖，倒入洗净的大米，搅拌片刻。

❻ 盖上砂锅盖，用小火续煮约30分钟至其熟软。

❼ 揭开砂锅盖，加入红糖，搅拌至溶化，将煮好的
粥盛出，装入碗中即可。

桂圆红枣小麦粥

◎难易度：★☆☆　◎功效：安神助眠

■■ 材料

水发小麦200克，桂圆肉8克，红枣10克

■■ 调料

冰糖少许

■■ 做法

❶ 锅中注入适量的清水，大火烧开。

❷ 将泡发好的小麦放入锅中，搅拌片刻。

❸ 盖上砂锅盖，大火烧开后，转小火熬煮40分钟至熟软。

❹ 掀开砂锅盖，放入桂圆肉、红枣，搅拌片刻。

❺ 盖上砂锅盖，再续煮半个小时。

❻ 掀开砂锅盖，加入少许冰糖。

❼ 持续搅拌片刻，使冰糖溶化，食材入味，关火，将煮好的粥盛出装入碗中即可。

莲子核桃桂圆粥

◉难易度：★☆☆　◉功效：安神助眠

■■ 材 料

水发糙米160克，莲子50克，桂圆肉30克，核桃仁25克

■■ 做 法

❶ 砂锅中注入适量清水，大火烧开。

❷ 放入洗好的莲子、桂圆肉、核桃仁、糙米，搅拌均匀。

❸ 盖上砂锅盖，用小火煮约30 分钟至食材熟透。

❹ 揭开砂锅盖，搅拌均匀，略煮片刻。

❺ 关火后盛出煮好的粥，装入碗中即可。

益母草鲜藕粥

◎难易度：★★☆ ◎功效：补血调经

■■ 材料

益母草5克，莲藕80克，水发大米200克

■■ 调料

蜂蜜少许

174

❶ 洗净去皮的莲藕切厚片，再切条，改切成块，备用。

❷ 砂锅中注入适量清水，用大火烧热。

❸ 倒入洗净的益母草，搅拌均匀。

❹ 盖上砂锅盖，用中火煮20分钟至其析出有效成分。

❺ 揭开砂锅盖，将药材捞出。

❻ 倒入洗好的大米，搅拌匀。

❼ 盖上砂锅盖，大火煮开后，转小火煮40分钟。

❽ 揭开砂锅盖，倒入处理干净的莲藕块，搅拌匀。

❾ 盖上砂锅盖，再煮10分钟。

❿ 揭开砂锅盖，淋入少许蜂蜜。

⓫ 搅拌均匀，使食材入味。

⓬ 关火后将煮好的粥盛出，装入碗中，即可食用。

 **Tips** 跟着做不会错：乌鸡的骨头营养价值较高，下锅前可将其敲破，这样烹饪后的滋补效果更佳。

百合乌鸡粥

◉难易度：★★☆　◉功效：补血调经

■■ 材料

干百合20克，乌鸡肉150克，水发大米180克，姜丝、葱花各少许

■■ 调料

盐3克，鸡粉3克，料酒4毫升，食用油适量

■■ 做法

1. 洗净的乌鸡肉斩成小块。
2. 将切好的乌鸡肉块装在盘中。
3. 加入盐、鸡粉、料酒。
4. 拌匀，腌渍约15分钟至入味。
5. 砂锅中注入700毫升清水，大火烧开。
6. 放入洗净的干百合，再倒入洗净的大米，搅拌匀。
7. 再淋入食用油，轻轻搅拌几下。
8. 盖上砂锅盖，大火煮沸后，用小火煮约30分钟至米粒变软。
9. 揭开砂锅盖，撒上姜丝，搅拌匀。
10. 倒入腌渍好的乌鸡块，搅拌均匀。
11. 盖好砂锅盖，用小火续煮约15分钟，至锅中所有食材熟透。
12. 揭开砂锅盖，加入盐、鸡粉，用锅勺轻轻拌匀，至食材入味。
13. 关火后盛出煮好的粥。
14. 装入碗中，撒上葱花即成。

红豆黑米粥

◉难易度：★☆☆　◉功效：益气补血

■■ 材料

黑米100克，红豆50克

■■ 调料

冰糖20克

■■ 做法

① 砂锅中注入适量清水，大火烧开。

② 倒入洗净的红豆和黑米，搅散、拌匀。

③ 盖上砂锅盖，烧开后转小火煮约65分钟，至食材熟软。

④ 揭开砂锅盖，加入冰糖，搅拌均匀，用中火煮至溶化。

⑤ 关火后盛出煮好的黑米粥，装在碗中即可。

红枣黑豆粥

◎难易度：★☆☆　◎功效：补血补虚

◼◼ 材料

水发黑豆100克，红枣10克

◼◼ 调料

白糖适量

◼◼ 做法

❶ 锅中注入适量的清水，大火烧开。

❷ 倒入洗净的黑豆、红枣，搅拌片刻。

❸ 水烧开后，盖上砂锅盖，用小火熬煮1个小时，至食材熟软。

❹ 掀开砂锅盖，放入白糖。

❺ 持续搅拌片刻，使食材入味，关火，将煮好的粥盛出装入碗中即可。

红枣桂圆小米粥

⦿难易度：★☆☆　⦿功效：益气补血

■■ **材料**

水发小米150克，红枣30克，桂圆肉35克，枸杞
10克

■■ **做法**

❶ 砂锅中注入适量清水，大火烧开。

❷ 放入洗净的小米，搅拌匀。

❸ 倒入洗好的红枣、桂圆肉、枸杞，搅拌均匀。

❹ 盖上砂锅盖，大火烧开后用小火煮约30分钟至
食材熟透。

❺ 揭开砂锅盖，搅匀，略煮片刻，关火后盛出煮
好的小米粥，装入碗中即可。

Part 5

不同人群养生粥

所谓「人以群分」，在这里并非贬义。人生在世上，性别不同，年龄阶段不同，对进补粥品的需求也不尽相同。

本章针对老年人、儿童、孕产妇、女性、男性这五个群体，分别选取了合适的养生粥品，重点突出，包你一看就喜欢。

参芪桂圆粥

⦾难易度：★☆☆　⦾功效：益气补血

■■ 材料

枸杞6克，黄芪10克，桂圆肉15克，党参15克，大米200克

■■ 做法

❶ 砂锅中注入适量清水烧热，加入洗净的党参、黄芪，拌匀。

❷ 盖上盖，用大火煮10分钟至药材析出有效成分。

❸ 揭盖，倒入洗好的大米，拌匀。

❹ 盖上盖，用大火煮开后，转小火煮40分钟至大米熟软。

❺ 揭盖，倒入桂圆肉、枸杞，拌匀，再盖上盖，用中火煮15分钟至食材熟透。

❻ 揭盖，拣出黄芪。

❼ 盛出煮好的粥，装入碗中，稍微晾凉即可。

182

核桃木耳粳米粥

◉ 难易度：★★☆　◉ 功效：增强记忆力

■■ 材料

大米200克，水发木耳45克，核桃仁20克，葱花少许

■■ 调料

盐2克，鸡粉2克，食用油适量

■■ 做法

1. 将洗净的木耳切成小块。
2. 把切好的木耳装盘，待用。
3. 砂锅中加水，用大火烧开。
4. 倒入泡发好的大米，拌匀。
5. 放入木耳块、核桃仁。
6. 加食用油，搅拌匀。
7. 加盖，小火煲30分钟至米烂。
8. 揭盖，加盐、鸡粉调味。
9. 将煮好的粥盛出，装入碗中，撒上葱花即成。

跟着做不会错：核桃仁入锅前，可以先切成小块，这样可加速核桃仁熟烂，也利于消化吸收。

Tips

南瓜子小米粥

◎难易度：★★☆　◎功效：降低血压

■■ 材料

南瓜子80克，水发小米120克，水发大米150克

■■ 调料

盐2克

■■ 做法

1. 炒锅烧热，倒入南瓜子，用小火炒出香味。
2. 把炒熟的南瓜子盛出，装入盘中。
3. 取杵臼，倒入炒好的南瓜子捣碎，装盘，备用。
4. 砂锅中注入适量清水，大火烧热，倒入洗净的小米、大米，搅拌匀。
5. 盖上盖，烧开后用小火煮30分钟至食材熟透。
6. 揭开盖，倒入南瓜子碎，搅拌匀。
7. 放入盐，拌匀调味，用勺子搅拌均匀，关火后把煮好的粥盛出，装入碗中即可。

薏仁党参粥

◎难易度：★☆☆　◎功效：防癌抗癌

■■ 材料

薏米40克，党参15克，水发大米150克

■■ 做法

1. 砂锅中注入适量清水，大火烧开，放入洗净的党参、薏米。
2. 倒入淘洗干净的大米，轻轻搅拌匀。
3. 盖上砂锅盖，用小火煮约40分钟至食材熟透。
4. 揭开砂锅盖，略煮片刻，至粥浓稠。
5. 关火后盛出煮好的粥，装入碗中即可。

南瓜燕麦粥

◉难易度：★★☆　◉功效：增高助长

■■ 材 料
南瓜190克，燕麦90克，水发大米150克

■■ 调 料
白糖20克，食用油适量

跟着做不会错：南瓜本身有甜味，所以煮粥时白糖不要放太多。

■■ 做法

❶ 将南瓜清洗干净，去皮、瓤，切块，装好盘，放入烧开的蒸锅中。

❷ 盖上蒸锅盖子，中火蒸10分钟至熟。

❸ 揭开蒸锅盖子，把蒸熟的南瓜块取出。

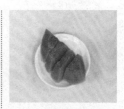

❹ 取出的南瓜块稍晾凉，再用刀背将南瓜碾压，剁成泥状，装盘，备用。

❺ 砂锅注入适量清水，大火烧开。

❻ 倒入淘洗干净的大米，拌匀。

❼ 再倒入适量食用油，搅拌匀。

❽ 盖上砂锅盖，用小火煲20分钟，至大米熟烂。

❾ 揭开砂锅盖，放入备好的南瓜泥、燕麦，搅拌均匀。

❿ 盖上砂锅盖，用大火煮沸。

⓫ 揭开砂锅盖，加白糖，搅拌均匀，煮至溶化。

⓬ 将煮好的粥盛出，装入碗中即成。

187

菠菜蛋黄粥

◈难易度：★☆☆　◈功效：增强免疫力

■■ 材料

菠菜100克，鸡蛋1个，水发大米150克

■■ 调料

盐2克，鸡粉2克，食用油适量

■■ 做法

1 把洗净的菠菜切成丁。

2 鸡蛋打入碗中，取出蛋黄备用。

3 砂锅中注入适量清水烧开，倒入水发好的大米，拌匀，盖上盖，用小火煲40分钟至大米熟烂。

4 揭盖，倒入菠菜丁，拌匀，煮沸。

5 放入盐、鸡粉、食用油，拌匀。

6 将鸡蛋黄打散，倒入米粥中。

7 用锅勺搅拌均匀，煮沸，把煮好的粥盛出，装入碗中即可。

山药蛋粥

◎难易度：★★☆　◎功效：健脾止泻

■■ 材 料

山药120克，鸡蛋1个

■■ 做 法

❶ 将去皮洗净的山药切薄片。

❷ 蒸锅上火烧开，放入装有山药的蒸盘，再放装有鸡蛋的碗。

❸ 盖上锅盖，用中火蒸约15分钟至食材熟透。

❹ 关火后揭开锅盖，取出蒸好的食材，晾凉备用。

❺ 把晾凉的山药片放入杵臼，捣成泥状，盛放在碗中，待用。

❻ 将晾凉的熟鸡蛋取蛋黄。

❼ 蛋黄放入装有山药泥的碗中。

❽ 压碎，拌至两者混合均匀。

❾ 再另取一个小碗，盛入拌好的食材即成。

跟着做不会错：杵臼使用前应用少许开水清洗干净，以清除细菌。

Tips

189

奶酪蘑菇粥

◎难易度：★★☆ ◎功效：保护视力

■■ 材料

肉末35克，口蘑45克，菠菜50克，奶
酪40克，胡萝卜40克，水发大米90克

■■ 调料

盐少许

Tips

跟着做不会错：袋装口蘑食用前一定
要多漂洗几遍，以去掉某些残留的化学
物质。

■■做法

❶ 将洗净的口蘑切成片，再切成丁，装入碗中，备用。

❷ 将洗好的胡萝卜切成片，再切成丁，装入碗中，备用。

❸ 将洗净的菠菜去根部，切成丁，装入碗中，备用。

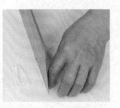

❹ 将奶酪先切片，再切成条，装入碗中，备用。

❺ 汤锅置于火上，注入适量清水，用大火烧开。

❻ 倒入水发好的大米，拌匀。

❼ 放入切好的胡萝卜丁、口蘑，搅拌匀。

❽ 盖上汤锅盖，烧开后转小火煮30分钟至大米熟烂。

❾ 揭开汤锅盖，倒入肉末，拌匀。

❿ 再下入菠菜丁，搅拌均匀，煮至沸腾。

⓫ 放入少许盐，拌匀调味。

⓬ 把煮好的粥盛入碗中，放上奶酪，即可食用。

 Tips 跟着做不会错：煮鸡肝时最好淋入少许料酒，既可以去除腥味，又能保持其鲜嫩的口感。

鸡肝圣女果米粥

◎难易度：★★★　◎功效：增强免疫力

■■ 材料

水发大米100克，圣女果70克，小白菜60克，鸡肝50克

■■ 调料

盐少许

■■ 做法

1. 锅置于火上，注入适量清水，大火烧开，放入洗净的小白菜，焯煮约半分钟，捞出，沥干水分，晾凉备用。
2. 倒入洗净的圣女果，烫约半分钟，捞出，沥干水分，晾凉备用。
3. 再把洗净的鸡肝放入沸水锅中。
4. 盖上锅盖，用小火煮约3分钟，余去血渍。
5. 待鸡肝熟透后捞出，沥干水分，晾凉备用。
6. 将晾凉的小白菜剁成末。
7. 把晾凉的圣女果剥去表皮。
8. 再切成片，剁成细末。
9. 将晾凉的鸡肝压碎，剁成泥。
10. 汤锅中注入适量清水，大火烧开。
11. 倒入洗净的大米，轻轻搅拌，使米粒散开。
12. 盖上汤锅盖子，大火煮沸后用小火煮约30分钟至米粒熟软。
13. 取下汤锅盖子，倒入切好的圣女果。
14. 放入鸡肝泥，再调入盐。
15. 搅拌匀，续煮片刻至入味。
16. 关火后盛出煮好的粥，放在碗中，撒上小白菜末，即可食用。

◉ 难易度：★★☆　◉ 功效：健脑益智

蔬菜三文鱼粥

■■ 材 料

三文鱼120克，胡萝卜50克，芹菜20克，水发大米适量

■■ 调 料

盐、鸡粉各3克，水淀粉3毫升，食用油适量

■■ 做 法

❶ 将洗净的芹菜切成丁。

❷ 去皮洗好的胡萝卜切成丁。

❸ 三文鱼洗净，切片，加盐、鸡粉、水淀粉拌匀，腌渍15分钟。

❹ 大米入沸水，加食用油拌匀。

❺ 加盖，小火煲30分钟至米熟。

❻ 揭盖，倒入切好的胡萝卜丁。

❼ 加盖，小火煮5分钟至熟。

❽ 加三文鱼片、芹菜丁煮沸。

❾ 加盐、鸡粉调味，盛出即可。

跟着做不会错：腌渍三文鱼时，可以加入少许葱姜酒汁，能更好地去腥提鲜。

194

果味麦片粥

◎难易度：★★☆　◎功效：健脑益智

■■ 材料

猕猴桃40克，圣女果35克，燕麦片70克，牛奶150毫升，葡萄干30克

■■ 做法

❶ 将洗净的圣女果切成丁。

❷ 猕猴桃去皮，把果肉切成丁。

❸ 汤锅中注入适量清水，烧热。

❹ 放入葡萄干。

❺ 盖上盖，烧开后煮3分钟。

❻ 揭盖，倒入备好的牛奶，放入燕麦片。

❼ 拌匀，转小火煮5分钟至稠。

❽ 倒入部分猕猴桃丁，搅拌均匀。

❾ 将锅中成粥盛出装碗，放入圣女果和剩余的猕猴桃丁即可。

跟着做不会错：要选择果实饱满、绒毛尚未脱落的新鲜猕猴桃煮粥。

Tips

玉米胡萝卜粥

◉难易度：★☆☆ ◉功效：增强免疫力

■■材料

玉米粒250克，胡萝卜240克，水发大米300克

■■做法

❶ 砂锅置于火上，注入适量清水，大火烧开。

❷ 倒入淘洗干净的大米，放入去皮洗净切丁的胡萝卜，再放入洗净的玉米粒，搅拌片刻。

❸ 盖上砂锅盖，大火煮开后，转小火煮30分钟至食材熟软。

❹ 掀开砂锅盖，持续搅拌片刻。

❺ 将煮好的粥盛出装入碗中即可。

红枣小麦粥

◉难易度：★☆☆　◉功效：益气补血

■■ 材料
大米200克，小麦200克，桂圆肉15克，红枣10克

■■ 调料
白糖3克

■■ 做法
❶ 砂锅中注入适量清水，大火烧热，倒入洗好的小麦、大米，拌匀。
❷ 放入洗净的桂圆肉、红枣，拌匀。
❸ 盖上盖，大火煮开转小火煮40分钟至熟透。
❹ 揭盖，加入白糖，拌匀，煮至溶化。
❺ 关火后盛出煮好的粥，装入碗中，待稍微晾凉后即可食用。

菠菜银耳粥

◉难易度：★★☆　◉功效：安神助眠

■■ 材料

菠菜100克，水发银耳150克，水发大米180克

■■ 调料

盐2克，鸡粉2克，食用油适量

❶ 将洗净的银耳切去黄色根部，再切成小块，备用。

❷ 将洗好的菠菜切成段，备用。

❸ 砂锅置于火上，注入适量清水，用大火烧开。

❹ 倒入泡好的大米，搅拌匀。

❺ 盖上砂锅盖，大火烧开后，转用小火煮30分钟，煮至锅中大米熟软。

❻ 揭开砂锅盖，放入银耳块，拌匀。

❼ 盖好砂锅盖，续煮15分钟，至锅中食材熟烂。

❽ 揭开砂锅盖，放入菠菜段，拌匀。

❾ 倒入适量食用油，搅拌匀。

❿ 加入鸡粉、盐。

⓫ 用锅勺将砂锅中食材拌匀至入味。

⓬ 把煮好的粥盛出，装入碗中即可。

黑芝麻粥

◎难易度：★☆☆　◎功效：增强免疫力

■■ 材料

水发大米80克，黑芝麻20克

■■ 调料

白糖3克

■■ 做法

① 备好电饭锅，倒入水发大米、黑芝麻、白糖。

② 再注入适量清水，搅拌片刻。

③ 盖上电饭锅盖，按下"功能"键，调至"米粥"状态。

④ 煲煮2小时，待时间到，按下"取消"键。

⑤ 打开电饭锅盖，搅拌片刻，将煮好的粥盛出装入碗中即可。

牛奶鸡蛋小米粥

◎难易度：★☆☆ ◎功效：增强免疫力

■■ 材料

水发小米180克，鸡蛋1个，牛奶160毫升

■■ 调料

白糖适量

■■ 做法

❶ 把鸡蛋打入碗中，搅散调匀，制成蛋液，待用。

❷ 砂锅中注入适量清水烧热，倒入洗净的小米。

❸ 盖上砂锅盖，大火烧开后转小火煮约55分钟，至米粒变软。

❹ 揭开砂锅盖，倒入牛奶拌匀，大火煮沸。

❺ 加入白糖，拌匀，再倒入备好的蛋液。

❻ 搅拌匀，转中火煮一会儿，至液面呈现蛋花。

❼ 关火后盛出煮好的小米粥，装在小碗中即可。

山药香菇鸡丝粥

◎难易度：★★☆　◎功效：增强免疫力

■■ 材料

鸡胸肉120克，鲜香菇50克，山药65克，水发大米170克

■■ 调料

盐2各，鸡粉3克，料酒5毫升，水淀粉适量

Tips

跟着做不会错：香菇本身有鲜味，因此可以少放些鸡粉。

■■ 做法

❶ 将洗净的香菇切条，备用。

❷ 将洗好去皮的山药切片，再切成条形，备用。

❸ 将洗净的鸡胸肉先切片，再切成细丝，备用。

❹ 把鸡肉丝放入碗中，加入少许盐、鸡粉，再淋入料酒、水淀粉。

❺ 将碗中食材拌匀，腌渍约10分钟，至其入味，备用。

❻ 砂锅置于火上，注入适量清水，大火烧开，倒入淘洗干净的大米，拌匀。

❼ 盖上砂锅盖，大火烧开后用小火煮约30分钟。

❽ 揭开砂锅盖，放入切好的山药条、香菇条，搅拌匀。

❾ 再盖上砂锅盖，用小火续煮约15分钟至食材熟透。

❿ 揭开砂锅盖，放入鸡肉丝，拌匀。

⓫ 加入盐、鸡粉。

⓬ 拌匀调味，续煮片刻，关火后盛出煮好的鸡丝粥即可。

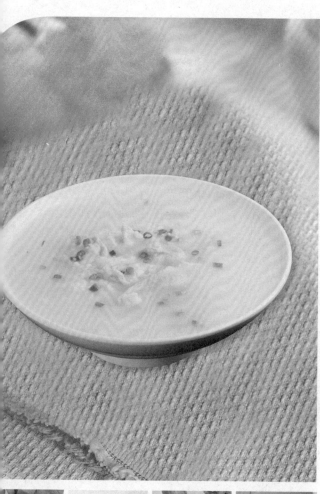

鸡肉粥

◎ 难易度：★☆☆

◎ 功效：益气补血

■■ 材料

鸡胸肉180克，水发大米100克，姜片、葱花各少许

■■ 调料

盐4克，水淀粉3毫升，食用油适量，鸡粉、胡椒粉各少许

■■ 做法

❶ 洗净的鸡胸肉切成片。

❷ 将鸡胸肉加盐、鸡粉，抓匀。

❸ 倒入水淀粉，抓匀。

❹ 注入食用油，腌渍10分钟。

❺ 砂锅加水烧开，倒大米拌匀。

❻ 加盖，烧开后小火煮30分钟。

❼ 揭盖，放入姜片，倒入鸡肉片，拌匀，小火煮约1分钟。

❽ 加盐、胡椒粉，拌匀调味。

❾ 盛出装碗，撒上葱花即可。

 Tips

跟着做不会错：鸡肉片入锅后不能煮太久，以免过老，影响成品口感。

204

薏芡猪肚粥

◎难易度：★★☆　◎功效：益气补血

■■ 材 料
水发薏米120克，水发芡实50克，水发大米160克，熟猪肚100克

■■ 调 料
盐、鸡粉、胡椒粉各2克

■■ 做 法
❶ 将熟猪肚去除油脂，切条形，再切成小块，装入碗中备用。

❷ 砂锅中注入适量清水烧开，倒入切好的猪肚块。

❸ 放入洗好的薏米、芡实、大米，搅拌均匀。

❹ 盖上砂锅盖，烧开后用小火煮约40分钟至熟。

❺ 揭开砂锅盖，加入盐、鸡粉、胡椒粉。

❻ 拌匀调味，煮至入味。

❼ 关火后盛出煮好的猪肚粥即可。

韩式南瓜粥

◎难易度：★☆☆　◎功效：降低血脂

■■ 材料

去皮南瓜200克，糯米粉60克

■■ 调料

冰糖20克

■■ 做法

❶ 洗净的南瓜去瓤，切片。

❷ 取一碗，放入糯米粉，注入适量清水，用筷子搅拌均匀，制成糯米糊。

❸ 蒸锅加水烧开，放入南瓜片，大火蒸10分钟至熟。

❹ 揭盖，关火后取出蒸好的南瓜片。

❺ 将蒸好的南瓜倒入碗中，压成泥状，待用。

❻ 砂锅中注入适量清水烧热，倒入南瓜泥、糯米糊、冰糖，拌匀。

❼ 稍煮至入味，关火后盛出，装入碗中即可。

206

花菜香菇粥

◉ 难易度：★☆☆ ◉ 功效：增强免疫力

■■ 材料

西蓝花100克，花菜、胡萝卜各80克，大米200克，香菇、葱花各少许

■■ 调料

盐2克

■■ 做法

❶ 洗净去皮的胡萝卜切成丁。

❷ 洗好的香菇切成条。

❸ 洗净的花菜去梗，切成小朵。

❹ 洗好的西蓝花去梗，切小朵。

❺ 砂锅加水烧开，倒入洗好的大米。

❻ 加盖，烧开后小火煮40分钟。

❼ 揭盖，倒入香菇条、胡萝卜丁、花菜朵、西蓝花朵，拌匀。

❽ 再盖上盖，续煮15分钟至熟。

❾ 加盐后盛出，撒葱花即可。

跟着做不会错：大米先泡发后再煮，能减少烹煮的时间。

Tips

三七红枣粥

◎难易度：★☆☆　　◎功效：益气补血

■■ 材 料

三七粉2克，红枣8克，大米200克

■■ 调 料

红糖适量

■■ 做 法

❶ 砂锅中注入适量清水，放入红枣、三七粉。

❷ 倒入洗好的大米。

❸ 盖上砂锅盖，用大火煮开后转小火煮40分钟至食材熟软。

❹ 揭开砂锅盖，放入红糖，拌匀，煮至溶化。

❺ 关火后盛出煮好的粥，装入碗中即可。

菊花枸杞瘦肉粥

◉难易度：★★☆　◉功效：

■■ 材 料

菊花5克，枸杞10克，猪瘦肉100克，水发大米120克

■■ 调 料

盐3克，鸡粉3克，胡椒粉少许，水淀粉5毫升，食用油适量

■■ 做 法

1. 处理干净的猪瘦肉切片。
2. 将肉片加盐、鸡粉，淋入水淀粉，拌匀。
3. 加食用油，腌渍10分钟。
4. 砂锅加水烧开，倒洗净的大米。
5. 加洗净的菊花、枸杞，拌匀。
6. 盖上盖，小火煮30分钟至熟。
7. 揭盖，倒入猪瘦肉片，煮1分钟。
8. 加盐、鸡粉、胡椒粉调味。
9. 拌匀，关火后盛出装碗即可。

跟着做不会错：猪瘦肉不要煮太久，否则口感会变差。

Tips 🥄

燕窝阿胶糯米粥

◎难易度：★☆☆　◎功效：开胃消食

■■ 材料

水发糯米70克，红糖20克，水发燕窝、阿胶各少许

■■ 做法

❶ 砂锅中注入适量清水烧开，倒入洗净的糯米。

❷ 盖上砂锅盖，大火烧开后用小火煮约30分钟至食材熟透。

❸ 揭开砂锅盖，倒入阿胶，用锅勺搅拌均匀，煮至溶化。

❹ 倒入红糖，用锅勺搅拌均匀。

❺ 放入洗好的燕窝，搅拌均匀，稍煮至入味。

❻ 关火后盛出砂锅中煮好的糯米粥，装入碗中，即可食用。

糯米桂圆红糖粥

◎难易度: ★☆☆　◎功效: 美容养颜

■■ 材料
桂圆肉35克，水发糯米150克

■■ 调料
红糖40克

■■ 做法
① 砂锅中注入适量清水，大火烧开。
② 放入洗净的糯米、桂圆肉，搅拌均匀。
③ 盖上砂锅盖，用小火煮30分钟至其熟透。
④ 揭开砂锅盖，加入红糖。
⑤ 搅拌匀，煮至溶化，关火后盛出煮好的粥，装入碗中即可。

党参杜仲糯米粥

◎难易度：★☆☆　◎功效：开胃消食

■■ 材料

党参10克，杜仲20克，水发糯米150克

■■ 做法

❶ 砂锅置于火上，注入适量清水，大火烧开，放入洗净的党参、杜仲。

❷ 盖上砂锅盖，用小火煮约20分钟，至药材析出有效成分。

❸ 揭开砂锅盖，将药材捞干净。

❹ 倒入洗好的糯米，搅拌一会儿。

❺ 再盖上砂锅盖，大火烧开后用小火煮30分钟至米熟透。

❻ 揭开砂锅盖，持续搅拌片刻。

❼ 将煮好的粥盛出，装入碗中即可。

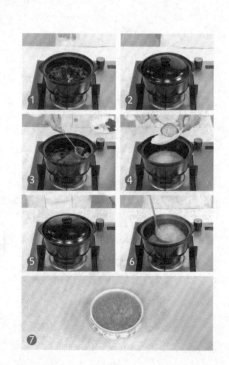

花生牛肉粥

◉ 难易度：★★☆

◉ 功效：益智健脑

■■ 材料

水发大米120克，牛肉50克，花生米40克，姜片、葱花各少许

■■ 调料

盐2克，鸡粉2克，料酒少许

■■ 做法

❶ 洗好的牛肉切成丁，剁几下。

❷ 锅中加水烧开，倒入牛肉丁。

❸ 淋入料酒拌匀，汆去血水。

❹ 捞出牛肉丁，沥干水分，待用。

❺ 砂锅中加水烧开，倒入牛肉丁。

❻ 再放入姜片、花生米，倒入大米，搅拌均匀。

❼ 盖上砂锅盖，烧开后用小火煮约30分钟至食材熟软。

❽ 揭盖，加盐、鸡粉调味。

❾ 撒葱花搅匀，盛出装碗即可。

跟着做不会错：大米可用温水泡发，能缩短泡发的时间。

Tips

海鲜粥

◉ 难易度：★☆☆

◉ 功效：增强免疫力

■■ 材料

白米饭400克，鲜虾200克，蛤蜊150克，高汤800毫升，芹菜末20克，姜丝少许

■■ 调料

盐2克，鸡粉3克，米酒适量

■■ 做法

❶ 鲜虾洗净，去虾须、虾线。
❷ 掰开蛤蜊取肉，切去内脏。
❸ 砂锅倒高汤、白米饭、姜丝。
❹ 加盐，搅拌均匀。
❺ 加盖，烧开转小火煮5分钟。
❻ 揭盖，倒入鲜虾、蛤蜊。
❼ 加入鸡粉、米酒，拌匀。
❽ 加盖，大火焖2分钟至入味。
❾ 揭盖，倒入芹菜末拌匀，稍煮片刻，关火后盛出即可。

 Tips　跟着做不会错：加入米酒可以使粥的海鲜味更浓郁，从而口感也会比较好。

海虾干贝粥

◎难易度：★☆☆　◎功效：益气补血

■■ 材料

水发大米300克，海虾200克，水发干贝50克，葱花少许

■■ 调料

盐2克，鸡粉3克，胡椒粉、食用油各适量

■■ 做法

❶ 洗净的海虾切去头部，背部切上一刀。

❷ 砂锅中注入清水，倒入洗净的大米、干贝，拌匀，加盖，大火煮开转小火煮20分钟至熟。

❸ 揭盖，倒入海虾，稍煮片刻至海虾转色。

❹ 加入食用油、盐、鸡粉、胡椒粉，拌匀入味。

❺ 关火后盛出，装入碗中，撒上葱花即可。

芡实海参粥

◉难易度：★★☆ ◉功效：保肝护肾

■■ **材料**

海参80克，大米200克，芡实粉10克，葱花、枸杞各少许

■■ **调料**

盐、鸡粉各1克，芝麻油5毫升

■■ **做法**

❶ 处理干净的海参切条，切成丁。

❷ 砂锅中注入适量清水，倒入洗净的大米。

❸ 加盖，用大火煮开后转小火续煮30分钟。

❹ 揭盖，加海参丁、枸杞，加盖，小火煮15分钟。

❺ 揭盖，倒入芡实粉，拌匀，稍煮5分钟至芡实粉充分溶入粥中。

❻ 加入盐、鸡粉、芝麻油，拌匀。

❼ 关火后盛出，装在碗中，撒上葱花即可。

216

Part 6

四季养生粥

四季节气依时不同，对饮食当然也有不同的讲究。春季温补，夏季清火，秋季润燥，冬季暖身，各时有各自的要求。

本章选取了适合用于四季养生的多款粥品，不用去管春夏秋冬次第交替，只需放心品尝对口的粥品，回味舌尖的美味。

银耳百合粳米粥

◎难易度：★☆☆　◎功效：美容养颜

■■ 材料

水发粳米、水发银耳各100克，水发百合50克

■■ 做法

1. 砂锅置于火上，注入适量清水，大火烧开，倒入洗净的银耳。
2. 放入洗净的百合、粳米，搅拌匀，使米粒散开。
3. 盖上砂锅盖，烧开后用小火煮约45分钟，至食材熟透。
4. 揭开砂锅盖，搅拌，关火后盛出煮好的粳米粥。
5. 装在小碗中，稍微冷却后食用即可。

枣仁莲子粥

◎难易度：★☆☆ ◎功效：保肝护肾

■■ 材料

大米200克，酸枣仁粉6克，枸杞10克，莲子20克

■■ 做法

❶ 砂锅中注入适量清水，用大火烧热。

❷ 倒入洗净的大米，搅匀。

❸ 盖上盖，大火烧开后转小火煮20分钟。

❹ 揭开盖，倒入洗净的莲子、枸杞，倒入酸枣仁粉。

❺ 再盖上盖，续煮40分钟至食材熟透。

❻ 揭开盖，搅拌均匀。

❼ 关火后将煮好的粥盛出，装入碗中即可。

跟着做不会错：莲子心有苦味，可将其去除后再煮。

Tips

花椒生姜粥

◉难易度：★☆☆　◉功效：增强免疫力

■■ 材料

大米300克，生姜15克，花椒少许

■■ 做法

❶ 洗好的生姜切片，切丝。

❷ 砂锅中注入适量清水，倒入淘洗干净的大米，搅拌均匀。

❸ 盖上砂锅盖，用大火煮开后转小火煮30分钟至大米熟软。

❹ 揭开砂锅盖，倒入姜丝、花椒，拌匀。

❺ 盖上砂锅盖，续煮10分钟至入味，揭盖，拌匀，关火后盛出煮好的粥，装在碗中即可。

山药粥

●难易度：★☆☆　●功效：开胃消食

■■ 材料

大米150克，山药80克

■■ 做法

1. 洗净去皮的山药切片，切条后改切成丁，装入碗中，备用。
2. 砂锅置于火上，注入适量清水，大火烧热。
3. 倒入淘洗干净的大米，再放入处理好的山药丁，搅拌片刻。
4. 盖上砂锅盖，大火烧开后转小火煮30分钟。
5. 掀开砂锅盖，搅拌片刻，将粥盛出装入碗中，点缀上枸杞即可。

茯苓枸杞山药粥

◎ 难易度：★★☆　◎ 功效：养心润肺

■■ 材料

山药150克，水发大米150克，茯苓8克，枸杞5克

■■ 调料

红糖25克

■■ 做法

① 洗净的山药切成丁，备用。

② 砂锅中注入适量清水烧开，倒入洗好的大米，加茯苓拌匀。

③ 用小火煮30分钟至大米熟软。

④ 揭盖，放入枸杞，搅拌匀。

⑤ 加入山药丁、枸杞，搅匀。

⑥ 盖上砂锅盖，小火煮10分钟。

⑦ 揭开盖，撇去浮沫。

⑧ 加入红糖。

⑨ 拌匀调味，关火后盛出即可。

 **Tips**　跟着做不会错：制作此粥还可根据个人口味添加适量盐，口感也不错。

韭菜鲜虾粥

◎难易度：★★☆　◎功效：保肝护肾

■■ 材料

韭菜100克，基围虾120克，水发大米170克，姜丝少许

■■ 调料

盐3克，鸡粉2克，芝麻油2毫升，食用油少许

■■ 做法

❶ 洗好的基围虾去头须和脚，背部切开，去虾线。

❷ 将洗净的韭菜切成段。

❸ 砂锅中注入清水烧开，放入洗净的大米拌匀。

❹ 加食用油拌匀，用小火煮30分钟至大米熟软。

❺ 下入少许姜丝，倒入基围虾，拌匀。

❻ 盖上盖，用小火煮5分钟至食材熟透。

❼ 揭盖，加盐、鸡粉调味，倒入韭菜段，搅拌匀。

❽ 淋芝麻油拌匀，煮1分钟后盛出，装碗即可。

猪肝瘦肉粥

◎难易度：★★☆　◎功效：增强免疫力

■■ 材料

水发大米160克，猪肝90克，瘦肉75克，生菜叶30克，姜丝、葱花各少许

■■ 调料

盐2克，料酒4毫升、水淀粉、食用油各适量

Tips

跟着做不会错：煮猪肝的时间不要太久，以免口感变差。

■■ 做法

❶ 将洗净的瘦肉切片，再切成细丝。

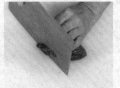

❷ 将处理好的猪肝切片，备用。

❸ 将洗净的生菜叶切成细丝，待用。

❹ 将切好的猪肝片装入碗中，加入少许盐，淋料酒。

❺ 再倒入水淀粉，搅拌匀，淋入适量食用油，腌渍10分钟，至其入味，备用。

❻ 砂锅中注入适量清水烧热，放入洗净的大米，搅匀。

❼ 盖上砂锅盖，用中火煮约20分钟至大米变软。

❽ 揭开砂锅盖，倒入瘦肉丝，搅匀。

❾ 再盖上砂锅盖，用小火续煮20分钟至食材熟。

❿ 揭开砂锅盖，倒入腌好的猪肝片，搅拌片刻，撒上姜丝，搅拌均匀。

⓫ 放入生菜丝，加入少许盐，搅匀调味。

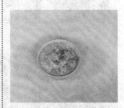

⓬ 将煮好的粥盛出，装入碗中，撒上葱花即可。

清火利湿夏季食粥，

茯苓祛湿粥

◉难易度：★☆☆　◉功效：瘦身排毒

■■ 材料

水发红豆120克，白扁豆、薏米、芡实、茯苓各少许

■■ 调料

盐2克

■■ 做法

① 砂锅中注入适量清水，大火烧开。

② 倒入洗净的白扁豆、薏米、芡实、茯苓。

③ 再放入洗净的红豆，搅拌匀。

④ 盖上砂锅盖，大火烧开后用小火煮约40分钟至食材熟软。

⑤ 揭开砂锅盖，加入盐，搅匀调味，关火后盛出煮好的粥，装入碗中即可。

菊花粥

◉难易度：★☆☆　◉功效：清热解毒

■■ 材料

大米200克，菊花7克

■■ 做法

① 砂锅置于火上，注入适量清水，大火烧热。

② 倒入洗净的大米，搅匀。

③ 盖上砂锅盖，大火烧开后，转小火煮40分钟。

④ 揭开砂锅盖，倒入洗净的菊花。

⑤ 略煮一会儿，搅拌均匀，关火后将煮好的粥盛
   出，装入碗中即可。

丝瓜绿豆粥

⊙难易度：★☆☆　⊙功效：清热解毒

■■ 材料

丝瓜150克，水发绿豆90克，水发大米150克

■■ 做法

❶ 洗净的丝瓜切段，再切条，改切成丁，备用。

❷ 锅中注入适量清水烧开，倒入洗净的绿豆、大米，拌匀。

❸ 盖上砂锅盖，用小火煮约30分钟至食材熟透。

❹ 揭开砂锅盖，倒入丝瓜丁，搅拌匀。

❺ 盖上砂锅盖，用小火续煮约10分钟至丝瓜丁熟软，关火后，揭开砂锅盖，盛出煮好的粥，装入碗中即可。

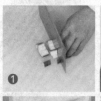

红枣苦瓜粥

◎难易度：★☆☆ ◎功效：清热解毒

■■ **材料**

水发大米150克，苦瓜65克，红枣20克

■■ **调料**

蜂蜜20克

■■ **做法**

❶ 洗净的苦瓜去瓤，切成细条，改切成丁。

❷ 红枣切开，去核，把肉切碎成丁，备用。

❸ 砂锅中注入适量清水烧开，倒入洗净的大米，再加入切好的苦瓜丁、红枣丁，搅拌均匀。

❹ 盖上砂锅盖，用中火煮约30分钟至食材熟软。

❺ 揭开砂锅盖，加入蜂蜜，搅拌均匀，关火后盛出煮好的粥，待稍微晾凉后即可食用。

黑米红豆粥

●难易度：★☆☆　●功效：补铁

■■ 材料

水发黑米120克，水发大米150克，水发红豆50克

■■ 做法

❶ 砂锅中注入适量清水，大火烧开，倒入洗好的红豆、黑米。

❷ 放入洗净的大米，搅拌均匀。

❸ 盖上砂锅盖，大火烧开后用小火煮约40分钟至食材熟透。

❹ 揭开砂锅盖，搅拌片刻。

❺ 关火后盛出煮好的粥，装入碗中即可。

绿豆冬瓜大米粥

◎ 难易度：★☆☆

◎ 功效：瘦身排毒

■■ 材料

冬瓜肉150克，水发绿豆50克，水发大米100克

■■ 做法

❶ 将洗净的冬瓜肉切成丁。

❷ 砂锅中注入适量清水烧开，倒入洗净的绿豆。

❸ 盖上盖，烧开后用小火煮约35分钟，至食材变软。

❹ 揭盖，倒入洗净的大米，拌匀、搅散。

❺ 盖上盖，中小火煮约30分钟。

❻ 揭盖，倒入冬瓜丁，搅拌匀。

❼ 盖上盖，小火续煮15分钟。

❽ 揭盖，放入冰糖，煮至溶化。

❾ 关火后盛出煮好的绿豆粥，装在小碗中即可。

跟着做不会错：冬瓜丁最好切得小一些，这样更容易煮熟。

Tips

231

奶油南瓜粥

◎难易度：★★☆　◎功效：增强免疫力

■■ 材料

去皮南瓜300克，淡奶油80克，淡奶20毫升

■■ 做法

❶ 洗净的南瓜去皮，去瓤，切片。

❷ 蒸锅置于火上，注入适量清水，大火烧开，放入南瓜片。

❸ 盖上蒸锅盖子，大火蒸10分钟至熟。

❹ 揭开蒸锅盖子，关火后取出蒸好的南瓜片。

❺ 将蒸好的南瓜片倒入玻璃碗中。

❻ 淋入淡奶油、淡奶。

❼ 用电动搅拌器搅拌均匀，倒入碗中即可。

紫米桂花粥

◎难易度：★☆☆　◎功效：增强免疫力

■■ 材料

水发紫米50克，水发糯米50克，桂花5克

■■ 调料

红糖20克

■■ 做法

❶ 砂锅中注入适量清水，倒入淘洗干净的紫米、糯米，拌匀。

❷ 盖上砂锅盖，大火煮开转小火煮40分钟至食材熟软。

❸ 揭开砂锅盖，倒入桂花，拌匀。

❹ 加入红糖，拌匀。

❺ 关火，将煮好的粥盛出，装入碗中即可。

红枣桂圆麦粥

◎难易度：★☆☆　◎功效：开胃消食

■■ 材料

红枣30克，桂圆肉25克，燕麦40克，枸杞8克，水发荞麦60克，水发糙米70克，水发大米150克

■■ 做法

① 砂锅中注入适量清水，大火烧开。

② 倒入洗好的大米、糙米、荞麦，用勺搅拌均匀。

③ 放入洗净的红枣、桂圆肉、燕麦、枸杞，慢慢搅拌均匀。

④ 盖上砂锅盖，用小火煮约40分钟。

⑤ 揭开砂锅盖，搅拌匀，略煮片刻，关火后盛出煮好的粥，装入碗中即可。

芡实莲子粥

●难易度：★☆☆　●功效：养心润肺

■■ 材料

水发大米120克，水发莲子75克，水发芡实90克

■■ 做法

❶ 砂锅中注入清水烧开，倒入洗净的芡实、莲子，搅拌一会儿。

❷ 盖上砂锅盖，大火烧开后用中火煮约10分钟至其熟软。

❸ 揭开砂锅盖，倒入洗净的大米，搅拌片刻。

❹ 再盖上砂锅盖，用中火煮约30分钟至食材完全熟软。

❺ 揭开砂锅盖，持续搅拌片刻，将煮好的粥盛出，装入碗中即可。

百合玉竹粥

◉难易度：★☆☆　◉功效：养心润肺

■■ 材 料

水发大米130克，鲜百合40克，水发玉竹10克

■■ 做 法

❶ 砂锅中注入适量清水，大火烧热，倒入洗净的
玉竹，放入洗好的大米，拌匀。

❷ 盖上砂锅盖，烧开后用小火煮约15分钟。

❸ 揭开砂锅盖，倒入洗净的百合，搅拌均匀。

❹ 盖上砂锅盖，小火续煮约15分钟至食材熟透。

❺ 揭开砂锅盖，搅拌均匀，关火后盛出煮好的粥
即可。

苹果梨香蕉粥

◉难易度：★☆☆　◉功效：养心润肺

■■ 材料
水发大米80克，香蕉90克，苹果75克，梨60克

■■ 做法
❶ 洗好的苹果去核，削去果皮，切成小丁。

❷ 洗净的梨去皮，切成小丁。

❸ 洗好的香蕉剥去皮，把果肉剁碎成丁，备用。

❹ 砂锅中注入适量清水，大火烧开，倒入洗净的大米，拌匀。

❺ 盖上砂锅盖，烧开后用小火煮约35分钟至大米熟软。

❻ 揭开砂锅盖，倒入切好的梨丁、苹果丁、香蕉丁。

❼ 搅拌片刻，用大火略煮片刻，关火后盛出煮好的水果粥，装入碗中即可。

核桃百合玉米粥

◎难易度：★☆☆　◎功效：美容养颜

■■ 材料

水发大米160克，核桃粉25克，鲜百合50克，玉米粒90克

■■ 做法

❶ 砂锅置于火上，注入适量清水，大火烧开。

❷ 倒入洗好的玉米粒、大米，拌匀。

❸ 放入洗净的百合，搅拌均匀。

❹ 盖上砂锅盖，大火烧开后，用小火煮约30分钟至食材熟透。

❺ 揭开砂锅盖，撒上核桃粉，拌匀，关火后盛出煮好的粥即可。

腊八粥

◎难易度：★★☆

◎功效：益气补血

■■ 材料

水发糯米135克，水发红豆100克，水发绿豆100克，水发花生90克，红枣15克，桂圆肉30克，腰果35克，陈皮2克，冰糖45克

■■ 做法

1. 砂锅中加水烧开，倒入糯米。
2. 将洗净的绿豆倒入锅中。
3. 放入洗好的红豆、花生、桂圆肉、腰果、红枣、陈皮。
4. 将锅中材料搅拌均匀。
5. 盖上锅盖，用小火炖40分钟。
6. 揭盖，加冰糖，搅拌片刻。
7. 再盖上锅盖，续煮5分钟。
8. 关火后揭开锅盖，搅拌片刻。
9. 盛出煮好的粥，装碗即可。

跟着做不会错：在煮粥前，将豆类、花生先用清水泡一晚上，这样炖出的粥更软烂绵滑。

Tips

党参山药薏米粥

◉难易度：★☆☆　◉功效：增强免疫力

■■ 材料

党参10克，红枣20克，薏米40克，山药80克，水发大米120克

■■ 做法

❶ 洗净去皮的山药切成丁，备用。

❷ 砂锅中注入适量清水烧开，倒入洗好的大米。

❸ 放入洗净的党参、红枣、薏米，搅拌均匀。

❹ 盖上锅盖，烧开后用小火煮40分钟至食材熟软。

❺ 揭开锅盖，倒入备好的山药丁，搅拌均匀。

❻ 再盖上锅盖，续煮10分钟至食材熟透。

❼ 揭开锅盖，持续搅拌一会儿，关火后将煮好的粥盛出，装入碗中即可。

鱼蓉瘦肉粥

◎难易度：★★☆

◎功效：增强免疫力

■■ 材料

鱼肉200克，猪肉120克，核桃仁20克，水发大米85克

■■ 做法

❶ 蒸锅上火，大火烧开，放入洗净的鱼肉。

❷ 盖上盖，烧开后用中火蒸约15分钟后取出鱼肉，晾凉待用。

❸ 将核桃仁拍碎，切成碎末。

❹ 洗好的猪肉剁成碎末。

❺ 晾凉的鱼肉压碎成蓉，去鱼刺。

❻ 砂锅中加水烧热，倒入猪肉末、核桃仁拌匀，大火煮沸。

❼ 撇去浮沫，放入鱼蓉、大米。

❽ 盖上盖，大火烧开后用小火煮30分钟。

❾ 揭盖拌匀，关火后盛出即可。

跟着做不会错：猪肉和鱼肉要尽量剁碎，这样更容易入味。

Tips

羊肉山药粥

◉难易度：★★☆　◉功效：降低血脂

■■ 材料

羊肉200克，山药300克，水发大米150克，姜片、葱花各少许

■■ 调料

盐3克，鸡粉4克，生抽4毫升，料酒、水淀粉、食用油各适量，胡椒粒少许

Tips

跟着做不会错：羊肉要后放，而且煮的时间不能太长，否则会失去鲜味。

■■ 做法

❶ 将洗净的山药切片，再切条，改切成丁，备用。

❷ 将洗好的羊肉切片，再切条，改切成丁，备用。

❸ 把羊肉丁装入碗中，放入少许盐、鸡粉，淋入生抽，搅拌均匀。

❹ 加入料酒，放入水淀粉、食用油。

❺ 将碗中材料搅拌均匀，腌渍10分钟。

❻ 砂锅置于火上，注入适量清水，大火烧开，放入洗净的大米，搅拌匀。

❼ 盖上砂锅盖，用小火煮约30分钟。

❽ 揭开砂锅盖，放入山药丁，搅拌匀。

❾ 盖上砂锅盖，用小火续煮10分钟至食材熟透。

❿ 揭开砂锅盖，放入羊肉丁、姜片，煮约2分钟。

⓫ 加入盐、鸡粉、胡椒粒。

⓬ 拌匀调味，关火后盛出煮好的粥，装入碗中，撒上葱花，即可食用。

桂圆鸽蛋粥

◉难易度：★☆☆ ◉功效：益气补血

■■ 材料

水发大米150克，桂圆肉30克，熟鸽蛋2个，燕麦45克，枸杞10克

■■ 调料

冰糖适量

■■ 做法

❶ 砂锅中注入适量清水，大火烧开，倒入洗净的大米，搅拌均匀。

❷ 放入洗净的桂圆肉，倒入燕麦，搅拌匀。

❸ 盖上砂锅盖，用小火煮约30分钟至食材熟软。

❹ 揭开砂锅盖，倒入熟鸽蛋、枸杞、冰糖，拌匀。

❺ 再盖上砂锅盖，用小火续煮5分钟。

❻ 揭开砂锅盖，搅拌匀，略煮片刻。

❼ 关火后盛出煮好的粥，装入盘中即可。